小林一穂・秦慶武・高暁梅・何淑珍・徳川直人・徐光平　著

中国農村の集住化

――山東省平陰県における新型農村社区の事例研究――

御茶の水書房

中国農村の集住化

――山東省平陰県における新型農村社区の事例研究――

目次

目次

第三章　平陰県の概況

中国農村の集住化

——山東省平陰県における新型農村社区の事例研究——

平陰県と調査対象地の位置

はじめに

小林　一穂

高速道路の平陰インターチェンジ出口。済南市街から約60km、1時間足らずで到着する。ここから平陰県の中心である県城までは3kmほどで、インターチェンジ付近でも高層住宅の建設ラッシュが起きている。

（2015年3月18日撮影）

本書は、日本と中国の農村社会研究者が協同で現代の中国農村社会を調査実証した研究成果である。本書でもって、われわれが継続してきた山東省調査の成果を示す「三部作」ができたことになる。これらは中国農村社会の変動に沿って歩みながら、激動する中国農村を十数年にわたっていわば「定点観測」してきた成果である。それぞれの著書が、継続調査の強みを生かしながら、そのときどきの最新の状況を明らかにしている。

われわれは、二〇〇〇年から中国山東省で農村調査を継続してきた。当初は、山東省の各地を訪れて、農業大省といわれた山東省の農業や農村の概況把握に務めたが、多様な様相を見せていた訪問地の中から、莱陽市、泰安市、徳州市の三地域を調査対象地に選定し、農業共同組織の比較調査を実施した。調査結果からは、三地域における共同組織のあり方が、山東省東部、中部、西部で段階的に発展差があることが示された。その成果は『中国農村の共同組織』(御茶の水書房、二〇〇七年)として刊行された。次に、濱州市鄒平県を調査対象地として、新農村建設の実状を県内の三つの村の事例調査によって明らかにした。それぞれの村ごとの歴史と現状の違いが新農村建設の取り組みに影響し、ここでもその発展差が生じていた。その成果は『中国華北農村の再構築』(御茶の水書房、二〇一一年)として刊行された。この調査を実施していくなかで、現在進行中の農村社区の建設それも集住化による新型農村社区の建設が、中国の農村社会のあり方を大きく変える要因をはらんでいると確信するに至った。そこで、二〇一一年から済南市平陰県で新たな調査を開始し、二〇一三年には三〇戸の個別農家を対象として面接調査を実施した。本書はこの平陰県での調査研究の成果である。

現代中国の農村社会は激動のさなかにある。新中国の成立後に、農地改革、農業合作社、人民公社、家族請負制、新農村建設とさまざまな経緯を経てきた。改革開放以来の驚異的な経済成長によって中国社会は飛躍的に発展したが、農村社会では発展する都市との格差が広がり、「三農」問題といわれる困難な状況を引き起こした。そうしたなかで新農村建設政策が取り組まれ、その新たな段階ともいえる新型農村社区の建設がさかんにおこなわれている。われわれがこの新型農村社区の建設でとくに重視するのは、一村のなかで、あるいは多村が合併して、新たな住居を建築して集中して居住するという形態である。これは、古い住宅を建て替えてたんに居住環境を改善するということだけではなく、農村社会のあり方、すなわち行政的な仕組み、経済的な条件、日常の生活様式、教育や福祉の環境、などを大きく変化させる結果を招くと考えられる。われわれは、こうした問題関心から、平陰県の調査に取り組んだ。その結果は本書によって示されるが、調査から見えてきたのは、やはり根本的な転換を予感させるものだった。そこで本書においては、集住化という最近の動きが中国農村社会の構造と農民の生活と意識にどのような変化をもたらしているのかを、まさに進行中の事例を通して解明している。

平陰県調査では、県政府や鎮政府でのヒアリング、対象地の村民委員会および個別農家へのインタビュー、有為選択した三〇戸に対する面接調査などを実施した。また、日中双方の調査メンバーによる検討会を数多くおこなっている。こうしてようやく山東省調査の成果の三冊目として本書を刊行することができた。

なお、平陰県調査を実施するにあたって、独立行政法人日本学術振興会における科学研究費助成事業の、基盤研究（B）「中国山村地域における貧困脱出と環境再生をめぐる調和的発展に関する実証研究」（課題番号二一四〇二〇二九、二〇〇九〜一一年度交付）、基盤研究（B）「中国農村社会における都市化と「社区化」の調和的発展に関する実証研究」（課題番号二四四〇二〇二九、二〇一二〜一四年度交付）、基盤研究（C）「農家経営に基づく農村社会の持続的発展に関する日中比較実証研究」（課題番号一五K〇三八二九、二〇一五〜一七年度交付）の補助金を受けている。

第一章

中国農村社会における集住化

小林　一穂

完成間近の新型農村社区の集合住宅。移転前の旧村とはまったく異なる居住環境になる。

（2012年 3 月14日撮影）

第一節 「三農」問題と「新農村建設」

本章では、中国農村社会の近年の歩みをごく簡単に概観し、最近の問題状況を指摘して、本書の課題と目的を提示する。そこで本節では、中国農村の社会変化を政策実施の内容とかかわらせながらみていくことにしたい。

一 改革開放と農村社会の変化

改革開放と家族請負制

一九四九年に中華人民共和国すなわち新中国が成立したのち、中国の農業・農村は、さまざまな紆余曲折を経てきた。とくに一九五〇年代末に形成された「人民公社」は、新中国成立直後に創設された自作農経営を消滅させた点で大きな問題となった。私有を完全に否定した土地所有、行政組織と農村経済組織の一体化、集団生活を中心とした閉鎖的な社会などの仕組みのもとで、土地や経営の公有制という枠組みによって、農業生産の停滞と農民生活の困窮化がもたらされた。

しかし、一九七八年一二月の中国共産党第一一期三中全会で改革開放政策の推進が決定され、中国農村も新たな局面に入った。家族生産請負責任制が採用され、農家が農業生産の基本的な単位となった。全人民的所有といわれるが実質上は村所有の土地が、個別農家の家族員数に応じて農家ごとに分配され、その土地を耕作して一定数量の生産物あるいは現金を納入する。その義務を達成したよりも多い剰余分は農家が取得する。こうした請負方式を安定させるために、のちには土地請負の期間を大幅に延長する措置もとられた。この家族請負制は今日まで基本的な枠組みとして維持されている。

家族請負制の導入によって、農業生産は大幅に改善した。生産量が急上昇するとともに、各地で急速に多様な農業経営が展開し、養鶏、養豚、果樹栽培などの「経済作物」の生産が増加した。商品作物の生産を主とする農家や、運輸などの流通業を兼業する農家も現れた。また行政的には、人民公社そのものが改革開放政策の開始からほぼ五年で解体され、郷や鎮の地方政府とその基層組織としての「村民委員会」が設立されて、行政と経済組織、さらには共産党組織が分離された。

郷鎮企業と小城鎮

一九八〇年代半ばから、いわゆる「郷鎮企業」が発展した。そもそもは人民公社の時期の「社隊企業」がその原型だが、それは、農村の生産と生活に対して自給的に物資を供給する目的で、軽工業中心の経営体を形成したものである。人民公社が解体されたのちは、農村における第二次、第三次産業部門の中小企業を郷鎮企業と呼ぶようになった。村の集団経営組織が主体となる「村営企業」や農民個人が出資する「個体企業」、共同出資のものや海外資本との合弁企業など、多種多様な形態がとられ、激しい市場競争のなかで、省を代表するような企業集団へと成長したものも多い。そこで昨今では、もはや郷鎮企業よりも「民営企業」という呼称が一般化しつつある。

また、工業化の進展とともに、農村の余剰労働力が郷鎮企業へと移動していき、一九八〇年代後半には、都市への農村人口の流出が激化した。当初「盲流」と呼ばれたこの人口移動は、九〇年代にはいると「民工潮」といわれて、都市に「農民工」と呼ばれる農村出身の出稼ぎ農民が多数居住するようになった。中国では、都市の無規律的な膨張を防ぐために、一九五〇年代末から都市戸籍と農村戸籍という二元的な戸籍制度を設けて両者を峻別し、農村戸籍をもつ者は、都市に移住しても都市戸籍へは転換できず、各種の社会保障や教育などが受けられないようになっている。しかしそうであっても、この時期に都市へと移動して就業しようとする農民が増加し、農民工の潮流が都市地域へ押し寄せてきた。また都市の企業の側でも、そうした労働力を雇用する有利さを求めていて、いわば不正規雇用が拡大している。そのことが都市人口を増加させ、さまざまな都市問題を生じさせている。

他方で、こうした都市への人口流入を食い止める機能をはたすとされるのが「小城鎮」建設である。これは、農村地域に地方小都市を形成し、そこで産業化を進めて、大都市と農村とのあいだの緩衝材として機能させ、農村から流出する人口を吸収しようとする政策である。小城鎮は、農村地域における産業化を推進するために取り組まれたもので、農村地域の産業発展に寄与させようとしつつ、大都市へ流出しようとする人口を農村にとどめて都市の人口爆発を防ごうとする点に特色がある(1)。

しかし、農村から都市への人口移動は、中国の経済成長が長期かつ高度に進行するなかで、押しとどめることができない状況にある。大都市では、正規の住民とは認められない農民工が都市の低階層部分を形成して、第二次、第三次産業の臨時雇いなどに従事し、また彼らの居住地がいわばスラム化しつつあるなど、不安定な生活状況におかれている。さらに、農民工の子どもが、その農村戸籍のゆえに正規の教育を受けられないという事態も起こっている。そこで、二元的な戸籍制度を緩めて、農村戸籍から都市戸籍への変更を容易にしようとする動きも始まっているのだが、都市への無規律な人口流入という問題には歯止めがかかっていない。

近年では二〇一三年一一月の第一八期三中全会で、小城鎮による都市化をさらに推進しようとする政策が打ち出され、さらには「新型城鎮化」と呼ばれる都市化計画も示されている。つまり、農村社会における都市化を政策的に推進していこうとしている。そこでは、都市に流入した農民工に都市戸籍をもつ市民と同等の権利や保障を与えようとする「人的城鎮化」や土地利用の効率化などが挙げられている。これは、社会保障の充実という問題もさることながら、農村地域に居住する農民の生活様式を都市住民並みに高めようという政策の一環だといえるだろう。農村社会そのものを都市化するという新しい動向については次節で詳しく検討する。

二　「三農」問題の深刻化

農業問題

一九七八年の改革開放政策の開始以来、中国社会の産業化の進展、生活水準の向上は著しく、経済成長が驚異的なスピードで進行していったが、しかし、経済発展は、いわゆる「先富論（＝条件の整ったところから先に豊かになる）」の影響で、当初に特別開発区が設定された広東省をはじめとして沿海部を中心に進み、内陸部とくに西部では発展が立ち遅れるという地域の発展差が生じた。これは、外資を導入しての合弁企業を中心とし、したがって輸出製品の製造が中心となる工場立地からいって沿岸地域が有利だったことによるが、この経済発展の格差からも、中国の経済成長は都市と農村との分断という側面をもつものとなった。それは、改革開放政策以前の、都市と農村とを分離して農村に「自力更生」を強いるやり方が、改革開放のあとにも引き継がれたものといえるだろう。こうして、工業に比べての農業の立ち遅れ、農村における人口流出、農民の生活水準の低迷といった、都市と農村との発展差が大きくなった。この、農業、農村、農民といった側面でそれぞれがかかえる問題は、まとめて「三農」問題と呼ばれて、農業生産の停滞、農村の疲弊、農民の窮乏を指している。

まずは農業にかかわる問題である。人口超大国の中国にとって、食糧の確保は重要な課題である。しかもそれはたんに中国国内の問題にとどまらない。中国が食糧輸入国となり世界から農産物を輸入するようになると仮定すれば、世界的な食糧問題に危機的な影響をもたらすだろう。自給率を九五パーセントに保つこと、耕地面積一八億ムー（一ムー＝六・六七アール）を確保すること、これが中国農業を維持し食糧を保証する「紅線（＝死守すべき一線）」だといわれている。

改革開放政策のもとで家族請負制が導入されて、それまでの集団的ないわば大農業方式から個別農家による小経営すなわち家族農業経営を基本とする形態へと転換した。その結果、農業生産は飛躍的に上昇し、一九八〇年代半ばには農村社会はそれなりに安定に向かう状況にあった。しかし、その後の改革開放政策は、都市の発展を優先させて農村を牽引するという方針によって結局は都市を中心とするものとなり、その結果農業農村に対する政策は立ち遅れてしまう。工業と比べての農業の生産性の低さが大きな問題となってきて、都市住民に対する農民の所得の低さが拡大した。

そこで、一九九〇年代にはいると、都市と農村との相即的な発展をめざすという方向を求めて、個別農家と農産物加工に携わる「龍頭企業」と農産物市場とが一連の系列を形成して農業の発展をめざす「農業産業化」や、穀物生産から蔬菜などの商品作物や畜産へと転換する「農業構造調整」などが推進された。こうした政策は、農業所得の向上については一定の成果をあげたけれども、逆に、穀物生産などは、一時的な豊作による価格の下落もあって低迷することになり、農業の低生産性という農業問題は依然として大きな課題のままになっている。

近年では「農業現代化」といわれて、商品作物の栽培を大規模に展開して企業化しようとする取り組みも進んでいる。だが、農業の企業経営化は、蔬菜栽培を多数の農業労働者を雇って経営する形態などがみられるけれども、家族農業経営を基本とする家族請負制とぶつかり合う可能性がある。

農村問題

改革開放政策が展開されることによって、都市においては工業化が急速に発展することになったが、農村社会においては、家族請負制の導入が負の側面をもたらすことになった。というのは、人民公社時代のように、集団的な社会構造のもとである程度維持されていた各種の基礎施設や、社会保障、教育、医療などが、個別化のなかで機能不全に陥り、しかも、都市優先の政策がその改善のための事業をも停滞させてしまったからである。農村の社会的な基盤整備が立ち遅れ、農村における居住環境が都市と比べて大きく水をあけられてしまった。

一九九〇年代後半には、農村の基礎施設の整備、社会保障関連事業などで都市との格差が目立つようになり、農民工をはじめとして、農村から都市へと人口流出していく傾向も強まった。中国においては、数億人の農業人口のなかで二億人近くが余剰人口だともいわれ、まさに億単位での人口流出が問題となっている。農村には、郷鎮企業や龍頭企業などがあり、ある程度の余剰労働力を吸収できるものの、たんなる雇用先だけではなく、より高い収入やより快適な社会環境を求めて、人口流出がさらに激しくなってきた。

こうした都市への人口移動は、一つには「転移」といわれる空間的に大きな範囲での移動がある。省を越えて移動するので、人口のいわば「輸出省」と「輸入省」ができている。もう一つは、農民が、その土地で、あるいは近辺で農外就労するものである。これは経済発展が進んでいるという条件のもとで可能な移動であり、われわれが調査している山東省もそうである。山東省では、省外に出稼ぎに出る人口は一割にすぎず、しかも七割は同一の県内で移動している。つまり、県内の小城鎮へと移動している。

この現象には若年層の意向も絡んでいる。若年層は就業機会を求めて都市へ移動する者が多く、農村には高年層と子供夫婦から預けられた孫とが居住するというような人口構成となっている。しかし就業のためだけではない。若年層は都市生活に憧れをもっていて農村に居住することを好まず、また結婚するときに女性側から新居として都市のマンションを要望されることも多い。かといって、大都市では住居は高額でありなかなか手に入らない。そこで、多くの若年層は県政府所在地である「県城」や中心的な鎮の市街地である「鎮上」で住居を購入している。だから山東省のように省内や県内での移動となるのである。そうなると定年後になっても県城や鎮上で暮らすことになる。つまり若年層は、ひとたび農村を離れると再び戻ってこないということになりかねない。農村からとくに若年層が流出して農村社会の停滞を招くという事態は、日本でも一九六〇年代の高度経済成長以降、今日に至るまでみられている。中国では、計画生育制度による少子化と高齢化の問題がよくいわれるが、このような人口移動による農村社会の超高齢化もまた大きな問題なのである。

さらに、生活環境の全般にわたる格差が農村社会で克服されずにいる状況は深刻になっている。電気設備についてはかなり普及してきているものの、道路、水道、ガスなどの生活上必要な基礎施設の整備、教育や社会福祉、医療などの社会保障、各種の娯楽・スポーツ施設やスーパーなどの生活に利便性をもたらす施設の整備などが立ち遅れている。こうした点での都市との格差が、農村社会の住みにくさとなり、これがまた、農村から都市への人口流出を招いている。都市生活への憧れは若年層に多いが、各種の購買、教育や医療、介護問題への対応などの都市の有利さは、世代をこえて羨望の的になっている。

農民問題

「三農」問題の三番目は農民にかかわる問題である。すでに述べたように、農民の所得は都市住民に比べて著しく低い。もちろん、なかには蔬菜栽培の大規模経営に乗り出して高収入を上げるようになったり、農業以外の起業に成功して、郷鎮企業の経営者となったりする者もいるけれども、大多数は農業生産からのわずかな所得と、農民工として小城鎮や都市で出稼ぎすることによって得られた副収入とで、なんとか生計を維持していく貧しい生活を余儀なくされている。さらには前述したように、とくに沿海部に比べて中部や西部の内陸部での遅れが目立っており、都市と農村との格差というだけではなく、同じ農村でありながら地域的な格差も大きくなっている。

こうした所得格差とともに農民を苦しめていたのが、農民だけにふりかかる税負担である。農業税、農業特産税、さらには地方政府によるさまざまな名目の賦課があって、これによって農民に対する経済的圧迫はさらに強められていた。この背景には、いうまでもなく、都市を優先させ農村を都市の支え役とするという改革開放以前から続く農民政策があった。強くいえば、農民から利益を吸い上げて都市へ転換して投資するという政策である。その結果、農民は都市住民に比べて非常に低い生活水準に甘んじるほかはなかった。

二〇〇〇年代前半に徐々に農民に対する重税は緩和され、二〇〇六年に農業税は完全に廃止された。農民であることで税負担を課せられるという、これまで中国歴史のなかで連綿と続いた農民抑圧がなくなった。しかし、戸籍制度の存続や基礎施設整備の遅れなど生活環境の劣悪さは、なおも農民にのしかかっている問題である。

二元的な戸籍制度もまた農民にとって大きく不利な要因となっている。都市へ出稼ぎに出ていく農民工は、全国で二億人余り、この山東省でも一、〇〇〇万人といわれる。都市戸籍をもたないために各種の社会保障や子どもの教育を受けることができず、また正規労働者に比べて低賃金で働かざるをえない。それでも都市に定住しようとする農民は、衣食住をはじめとした劣悪な条件のもとで生活することになる。都市にとっては廉価な労働力が続々と農村から供給されることになり、経済発展に有利である。ここでも都市と農村との格差が拡大する要因が示されている。現在では、農民工は第三世代にまでなっており、一九八〇年代生まれ、九〇年代生まれの農民工は農村に戻らないといわれている。となると、農村に残るのは、高齢化した老人と子供である。こうして、都市化の問題は、都市の消費生活水準が高く若年層や中堅層を惹きつけ、他方では農民工の収入が低く農民の生活の苦しさは変わらないということ、また、都市と農村とに家族が離れ離れになってしまうということとして現れている。

以上のように、「三農」問題は、それが都市と農村との格差という問題を内包しているために、一九八〇年代後半から一九九〇年代にかけての中国の驚異的な経済発展のなかで、さらに拡大していくことはあっても縮小されるには至らなかった。沿海部や大都市の発展と比べての農村とくに中部や西部の農村の立ち遅れは、経済的、社会的問題にとどまらず、政治的問題という性質を帯びかねなかった。そこで「西部大開発」と呼ばれる政策が推進された。西部に対する大規模な投資と支援をはかることによって、産業化の格差や社会生活上の格差を縮小させようとするものだが、その効果は顕著には現れていない。経済成長を持続させようとする政策が都市の富裕層を生み出し、階層格差が拡がるなかで、都市と農村との亀裂がさらに深まってきたといえるだろう。

そこで、二〇〇〇年代半ばに新たに取り組まれたのが、次にとりあげる「新農村建設」政策である。

三 「新農村建設」の展開

新農村建設政策の背景

そもそも、都市と農村という二つの地域社会をどのように融合させるのか、という問題は、じつは資本制的生産が展開した時からの一般的な問題である。というのは、農業と工業や商業とでは、生物管理生産を営む農業とそうではない工業や商業という違いがあり、自然環境や地域とのかかわり合いが大きく異なるからである。したがって、農業生産を基本とする農村と、工業や商業を基本とする都市とでは、家族や地域社会のあり方、人々の間の社会関係のあり方も異なってくる。とくに工業化が急速に進むと、農業従事者と工商業従事者とのあいだの所得間格差が拡がり、人口の都市への集中とともに、生活環境の発展差が大きな問題となる。工業化の進展に伴う環境問題の悪化も、その濃淡はあるにしても各国で生じている。このように、都市と農村との融合という課題は、産業発展に伴う一般的な問題として存在している。こうした都市と農村をとりまく一般的な問題が、中国においては改革開放以降とくに経済成長が急速に発展した一九八〇年代後半以降に、中国特有の問題として現れている。したがって、新農村建設政策が示され実施されてきたということは、中国の農村社会がもつ問題性からいって、いわば必然的なことだったともいえるだろう。(2)

二〇〇二年一一月の中国共産党第一六回大会で「三農」問題が重要な議題になったこともあって、二〇〇〇年代前半に、農村をめぐるさまざまな政策が矢継ぎ早に打ち出された。都市と農村に対する政策を統一的に計画して推進するという「統籌城郷（＝都市農村一体化）」という政策も示された。二〇〇三年一〇月の第一六期三中全会では、「以工促農、以城帯郷」というスローガンが掲げられて、農村よりも都市の発展を優先するという政策から、都市に続いて農村の発展をも追求するという政策への転換が図られていたが、その決定打が、二〇〇五年一〇月の第一六期五中全会で示された新農村建設政策である。

新農村建設政策が打ち出された背景には、すでに述べたような「三農」問題の深刻化と解決策の行き詰まりがある。農業生産の新たな方式の導入や郷鎮企業の促進などによって改善を図ろうとしてはいるものの、都市における工業化は農村の発展に比べて急速に進んでおり、都市と農村の格差はかえって拡大している。このことが、農村から都市への人口移動をもたらし、「離土不離郷（＝離農しても農村にとどまる）」という方針にもかかわらず、農民工と呼ばれる出稼ぎ農民は増加する一方である。二元的な戸籍制度も、農民を農村に押しとどめるどころか、都市に流入した農民工に対する社会保障などの制度的な不備が、かえって問題をこじらせてさえいる。こうしたなかで、農村の発展を都市の発展と並行して進めようという目的を追求しているのが新農村建設政策だといえるだろう。

新農村建設政策の内容

新農村建設政策の目標として掲げられているのは「生産発展、生活富裕、郷村文明、村容清潔、管理民主」というスローガンである。農業生産の発展、生活水準の向上、農村生活の改善、行政事務管理の民主化などが網羅的に示されている。その網羅的ということがこの政策の特徴である。つまり、農村の発展が都市に立ち遅れているのに対して、農村社会の全般的な底上げを図ろうとしている。農業生産から生活改善、文化的側面や末端組織の民主化に至るまでが全体的に取り上げられている。新農村建設政策は、それまでも目標として掲げられていた都市と農村との相即的な発展という方向性を、二〇〇〇年代後半にさらに展開しようとしているといえるだろう。

そこで新農村建設の具体的な内容だが、「生産発展」を掲げているように経済発展を重視しているのはこれまで通りだが、それよりも重要なのは、「生活富裕」や「郷村文明」といった側面が挙げられて、その政策が実際に取り組まれていることである。農村における基礎施設の整備がそれで、電気はもちろんだが、上水道、ガス、スチーム暖房、ケーブルテレビ、インターネット網などの供給、道路の改善や排水、下水道の整備などが取り組まれている。これらによって、従来の劣悪な生活環境を改善して、いわば「都市並み」の基礎施設を整えることで農村の居住性を高めようとしている。また、小規模だが利便性の高いスーパーの設置も、経済的側面より生活環境の向上という側面からのものである。さらには、幼稚園や小学校といった教育施設、小規模ながらごく身近に存在する医務室などの医療衛生施設、娯楽やスポーツ活動の場を提供する「文化広場」と呼ばれる文化施設などの充実も、この政策の重要な項目である。社会保障にかかわる制度、たとえば「新型合作医療保険」の導入や年金などの整備も取り上げられている。こうして新農村建設は、農村における生活環境の改善、社会福祉制度や社会保障制度の整備などによって、農村住民の生活水準の全体的な向上を図ろうとしている。

新農村建設は、都市に比べての農村の発展の遅れを、たんに経済的側面を中心にした政策によって改善しようとするだけではない。すなわち龍頭企業による農業産業化や構造調整による商品作目への転換などで農業生産を発展させるとか、大都市や海外からの企業誘致や郷鎮企業などの起業的な取り組みによって農村における第二次、第三次産業の発展をめざすとかだけではない。それだけではなく、生活環境の改善、文化的側面の質的向上、社会保障制度や社会福祉制度などの整備といった、農村社会の総合的な発展をめざすものといえるだろう。それは、都市と農村とのあいだに存在する経済的格差だけではなく、生活全般における質的な劣悪さという問題が大きいということが、二〇〇〇年代に認識されてきたことの表れである。そこで、農村社会を全般的に向上させることによって、基本路線である都市と農村との相即的な発展を現実のものとし、そこから「三農」問題の解決を図ろうとしている[3]。

都市化への取り組み

新農村建設では、農村をいわば都市並みの水準に引き上げ、都市と農村との格差を是正するために、「小城鎮」の建設が重要な項目となっている。鎮とは郷と並んで県の下位におかれた行政単位であり、純粋な農村地域が郷といわれるのに対して、鎮はそれよりも多少は都市化した地域である。そこで、都市化を推進させるために、郷から鎮へと名称を変更する動きも起こっている。都市は「城市」といい、城とは都市的な地域を指している。したがって、城鎮とは、農村における都市的な地域ということであり、小城鎮の建設とは、農村での小規模な都市区域の形成を意味する。この小城鎮では、農村において第二次、第三次産業を興し、工業製品を農村さらには大都市へも供給することと、農村の余剰労働力を吸収して大都市へと流出するのを防ぐことがめざされている。つまり小城鎮の建設は、農村の都市に対する経済的格差と農村から都市への人口流出という問題を一挙に解決する方策とされている(4)。

こうした小城鎮建設と、前述した農村における生活上の基礎施設や社会保障制度などの整備とがあいまって、農村における都市化という現象が二〇〇〇年代後半から急速に進んできた。それは、省-市-県-鎮・郷という行政区画のもとで、農村地帯である県のなかでの県政府所在地である県城、鎮政府所在地である鎮上の周辺、小城鎮などだけにとどまらず、農村の全域にわたって都市化を推進させようとする動きである。それは、これまでの都市と農村との相即的発展をめざしてきた方針とは異なるものと思われる。というのも、都市と農村とのあいだの格差の解消、あるいは都市と農村との並行的な発展ということよりも、農村の全面的な都市化が意図されていて、いわば農村そのものを都市化するということを意味しているように思われるからである。

こうして、新農村建設政策は、「三農」問題にみられるような農村のさまざまな側面がかかえる問題に対して、当初に掲げられてきた農村を都市と並ぶ地域に発展させるという方針から、農村における生産から生活、文化、政治に至るまで多様な都市化を推進するというように転換してきているといえるだろう。都市への人口流出を防ぐという目的を達成するために、小城鎮といういわば緩衝地帯を設けて、そこに余剰労働力を吸収するという方向よりも、農村地域をいわばまるごと都市化していくという方向へと向かっている。さらに、二〇一〇年代前半からは「新型城鎮化」と呼ばれる方針が掲げられるようになってきていて、こうした方向性が強まっているように思われる。この点について、次節で詳しくみていくことにしたい。

第二節　都市化と集住化

本節では、中国農村の最近の動きを、農村における都市化推進政策とかかわらせながらみていくことにしたい。

一　農村都市化政策の展開

城市化と城鎮化

中国では、いわゆる都市を「城市」という。したがって都市化をいう場合、「都市化」という表現もあるが、「城市化」というのが一般的である。城市化の概念は、欧米の都市社会学の知見を導入して用いられており、大枠としては日本で都市化といわれているものとそれほど違わない。しかし、中国の独自の社会状況から、現実の都市化の内実には中国独特の特徴がみられる。

すでに前節で述べたように、一九五〇年代末に戸籍制度が都市戸籍と農村戸籍との二元的なあり方になった。両者は厳格に区別されて、特別の場合を除き、農村戸籍の者が都市戸籍を取得することはできない。都市戸籍をもつ者は、都市に居住していてさまざまな社会保障を受けられるが、農村戸籍の者にはそうした恩恵はなく、都市に移住することも基本的にできない。つまり、都市戸籍と農村戸籍という戸籍の二元制度は、都市へと農民が流入するのを抑制する機能をもっている。発展途上国にみられるような、都市の「人口爆発」すなわち農村の人口が無規律的に都市に流入することによって、都市が人口過剰の状態になって、さまざまな「都市問題」が発生する、という事態を避けようとする機能をはたしている。しかし、このことによって、農村人口が自由に移動することが妨げられ、また農村に先んじて都市を発展させるという政策もあって、農村は都市に比べて生産面、生活面、文化面、社会面などで劣悪な水準に抑え込まれることになった。こうした都市と農村との格差は「城郷二元結構（＝都市と農村の二元的な構造）」といわれる。中国の都市化は、この都市と農村との特殊中国的な格差をどのように解消できるのか、という問題をかかえている。

都市と農村の二元構造が二元的な戸籍制度によって支えられ強固なものとなっていることから、「市民化」という表現が都市化を論じる文脈で使われることもある。この市民化とは、日本で用いられる市民社会化というようなニュアンスよりも、農村戸籍をもつ農民が都市戸籍を取得すること、あるいは、農村戸籍のままでも都市住民と同様に、都市において就業の自由や社会保障の享受といった権利を得て、都市戸籍をもつ者と同等の社会的諸条件を備えることを指している。ここにも、中国の都市化の独特な特徴が表れている。

また、城市化とならんで「城鎮化」という表現も用いられており、むしろこの方が多用されている。城市化と城鎮化とは、同じ都市化という意味で用いられている場合もあり、中国では城市化を用いず都市化のことを城鎮化という、と紹介しているものもあるけれども、城鎮化が城市化と同一の事態を指しているとはいえない。

そもそも中国の行政区分では、全国は省・自治区・特別市からなっていて、その下に市が置かれている。農村地域では一般的に、市の下は県（「県級市（＝県レベルだが市と称しているもの）」を含む）、その下が郷や鎮、末端が村となっている。郷はいわば純農村的な地域をいい、鎮は第二次、第三次産業が形成されて、多少なりとも都市化を歩み始めた地域である。この鎮の内部で、街場的な中心となる区域を「鎮上」という。同様に、県でも県政府が置かれているような中心街は「県城」といわれる。

そこで城鎮化だが、これは農村地域である郷や鎮の中心地での経済発展、すなわち農業から第二次、第三次産業などの非農業への転換や、生活様式の転換すなわち住居環境や水道、光熱などの生活基礎施設、教育、医療、社会保障などをいわば「都市並み」に推進することを指している。農民にしてみれば、農村戸籍はそのままで農村に居住し続けるが、非農業に従事し都市的な生活を過ごすという生活様式へ転換していくことである。これは「離土離郷（＝離農し離村する）」ではなく「離土不離郷（＝離農するが離村しない）」という方式だともいわれる。就業形態や生活様式が都市並みになるということからすれば、都市化とも通じるところがあるが、都市に居住して都市住民となるわけではないので、都市化とは重なりつつも異なるものだといえるだろう。

また、これもすでに述べたように「小城鎮」建設という政策が「三農」問題の解決のための重要な方針として掲げられ、推進されてきた。費孝通の著名な支持もあって（費孝通、二〇〇六）、中国の都市と農村の二元的な構造のもとで、都市と農村の格差を縮小し、農民が都市へ流入するのを抑制する政策として重視されている。

この小城鎮もまた、その内実をめぐって議論が多いが、城市すなわち都市と小城鎮との違いは、秦慶武によれば（秦慶武、二〇一二、七四）、まず、その位置づけが異なる。城市は工業化や大規模化の産物であり、城市と農村とは並列的な関係にある。しかし小城鎮は城市と農村との中間に位置する「結合部」であり、都市の末端でありつつ農村の先端という位置づけになる。次に、城市は大規模な工業を発展させ、政治、文化、社会保障などの中心的機能を担い、周辺地域に影響をおよぼすが、小城鎮はそうした機能を備えてはいない。さらに、城市は先進的な基礎施設と生活施設があり、住民は近代化された生活様式を享受できるが、小城鎮は人口や資本の集積が低く、伝統的な生活様式から脱却することは難しい。

このようにみると、小城鎮は、都市と農村とのいわば境界に位置して、農村における都市的な機能を果たそうとするものといえるだろう。したがって小城鎮建設とは、農村の中の一部に都市的な区域を形成し、そこでの工業化を進めようとすることである。このことによって、農民が転出して都市へと流入し、都市でのさまざまな問題を発生させるという事態を防ぐことができ、また農村に都市的な基礎施設や生活様式を浸透させる拠点とすることがめざされる。しかし、小城鎮建設は停滞気味だともいわれている。というのは、農村から都市への人口の移動すなわち「民工潮」が、小城鎮を越えて大都市地域に広く及んでいるからである。都市での現金収入をめざす農民はあとをたたず、他方では都市の産業諸部門はこうした低賃金労働力を求めている。いわば民工潮の波が小城鎮という堰からあふれだしている。そうした状況で都市への人口集中を避けようとするならば、もはや農民を小城鎮でせきとめて都市への流入を防ぐのではなく、農民が農村地域に居住するままで収入を上げ生活水準を上げる方策を考えるしかない。これが城鎮化という政策である。これは、「離土不離郷」という形態で非農業への就業と都市並みの生活様式の享受を確保しようとするもので、農村地域の住民を都市と農村との中間にある小城鎮に収容するというよりも、鎮の中心部で都市化を推進することによって農民を農村地域にとどめようとしている。

しかし、この城鎮化もまた、都市化のもつ問題性から逃れることができない。鎮の内部で、鎮上と呼ばれる都市化が進んだ中心区域と、いまだ低収入、低劣な生活環境のままの周辺区域との格差が生じる。一方では、鎮上で人口過剰、生活基礎施設の整備の遅れなどの問題が生じ、他方では、周辺区域で相変わらずの低収入と劣悪な生活環境が続く。そこで、こうした事態への対応として、近年では「新型城鎮化」といわれる政策が推進されてきている。

城郷一体化と新型城鎮化

都市と農村との格差という一般的な問題に、特殊中国的な戸籍制度の二元的構造という問題が重なって、現在の中国においては、都市に比べて農村における経済、生活、文化、社会保障などの状態は極めて劣悪になっている。この

「城郷二元結構」が中国の難問の一つになっている。いわゆる「三農」問題も、この問題が根本にあるといえるだろう。とくに改革開放政策が展開されて驚異的な経済成長が続いた一九九〇年代に、都市と農村の格差が拡がった。そのことを受けて、都市に比べての農村の立ち遅れを解消するための政策として「城郷一体化（＝都市と農村の一体化）」や「新型城鎮化」が打ち出された。

「城郷一体化」とは、言葉上では都市と農村とが一体化するということだが、都市と農村が融合するということではない。都市の発展が農村に影響して、都市と同様な産業の発展、生活基礎施設の充実、文化、教育、政治、社会保障の整備を進めて、農村地域の状態を都市並みにすることによって、都市と農村の格差を解消させるというのがそのねらいである。(5)

「中華人民共和国が成立して五〇余年以来、わが国は終始、都市を重んじて農村を軽んじる、工業を重んじて農業を軽んじる、という政策を実行してきた」（張慶忠、二〇〇九、三一）といわれるように、都市の発展を優先し農村の成果を都市へ供給するという政策がとられて、農村が停滞、疲弊していたのだが、改革開放政策によっても沿海部を主要な発展地域とすることで、とくに内陸部の農村地域が発展から置き去りにされた。「三農」問題として、農村におけるさまざまな問題が重要な課題とされたのは、こうしたことによる都市と農村との格差が背景となって農民の不満を招いて無視できなくなったこと、農民が農民工として都市に流入し、都市においてもさまざまな問題を引き起こしていること、農業生産が工業化のなかで低下していく恐れがあること、などがその理由である。そこで、都市と農村の相即的な発展をめざして小城鎮建設などの政策がとられているが、民工潮の流れをくいとめることはできていない。経済成長のなかで、むしろ都市と農村との格差は拡がってきている。

そこで新農村建設政策では、都市を優先させ農村が都市を支えるという政策をいわば逆転させて、むしろ都市の発展の成果を農村に還元し、農村の発展を促進させようという「以工促農、以城帯郷（＝工業が農業を促進し、都市が農村を牽引する）」が提唱されてきた。こうして、農村を重視して、そこでの工業化や都市化、都市並みの生活水準への引き上げを図ろうという政策路線をさらに推進しようとするのが城郷一体化であり、「統籌城郷（＝都市農村一体化）」というスローガンのもとで、農村の立ち遅れを改善しようとしている。この統籌城郷は、すでに二〇〇二年の中国共産党第一六回大会で提出されていたもので、過去の都市と農村の二元構造を改革しようとする。[6]これで、城郷一体化が本格的に推進されるようになった。

他方で、「新型城鎮化」は、都市の範域をおし広げて大都市の形成をめざすのではなく、小型都市あるいは中型都市の発展を促すという城鎮化に、さらに質的な発展すなわち生活環境のための基礎施設の充実や生活水準の高度化、自然環境の保護などをめざすという目標を加える政策である。これまでの中国の都市化政策では、「空間の都市化」すなわち都市区域の拡大を重視し、[7]「人口の都市化」すなわち人々が都市的な生活様式を享受することを軽視してきた。そこで、いわば都市化の量的側面だけではなく、質的側面を重視していくという方針だといえるだろう。

さらに、山東省では「全域城鎮化（＝農村の全域で都市化を推進する）」と呼ばれる政策も出てきている。それは、鎮の各地に都市化を推進するための中心となる拠点を設定して、城鎮化を鎮の中心部だけに限定するのではなく、鎮の全域におし広げようとするものである。農村地域から都市地域への人口の流入を抑制するには、都市地域での居住条件に劣らない環境を農村で提供する必要がある。そのために小城鎮建設や城鎮化による鎮の中心の発展を模索してきたわけだが、しかしもはや、鎮の中の一部の区域を都市化するだけでは、鎮内の各区域に居住する農民の不満を解消し、都市へ移動しようとする願望をなだめることはできない。そこで、全域城鎮化によって、鎮内の各地に居住する農民が、都市へ移住することなく、都市住民と同様な就業機会や生活環境の整備を享受できるようにすることで、都市と農村との格差の縮小をめざし、都市への人口移動を抑えようとしている。したがって、全域城鎮化は、農村地域の全般的な都市化を推進しようとするものといえるだろう。これにはもちろん、鎮におけるいわゆる郷鎮企業の大規模化などの工業化の推進や、農業そのものの効率を改善して収益を上げる農業現代化といわれる政策が、その条件を整えなければならない。

ただし、城郷一体化にしても新型城鎮化にしても、「城鎮一体化発展は城鎮一様化発展ではない」（張戦鋒、二〇一三、二一八）といわれているように、都市と農村とを融合させて中国の全土を都市へと変貌させようという構想ではないとされている。「農村城市化」という表現もみられる（劉金海・孫小麗、二〇〇九、八二）が、これにしても、農村を都市へと吸収・消滅させることで「三農」問題の解決を図るというのではない。都市と農村の融合つまりは農村の消滅というような方針は、現在の中国全体の状況からすればあまりにも非現実的である(8)。中国の経済成長は驚異的な発展をみせているが、都市と農村との格差は深刻である。それでも性急に都市と農村を融合させようとするならば、中国全体の混乱を招きかねない。あくまでも、都市と農村とが並列的にならんで、ともに発展していくようにということが目標だとされている。

しかし、都市と農村の相即的発展があるべきだとしても、今日の時点で、現実にそのように展開していくかどうかは予断を許さないように思われる。というのも、次に述べる新型農村社区建設が重要な問題をはらんでいるからである。

二　新型農村社区建設による集住化

社区、農村社区、新型農村社区

中国では、地域社会の単位として「社区」という名称がある。これは英語のcommunityの漢語訳だが、テンニースなどにさかのぼりながらその内容が紹介されている。社区は、都市地域での地域組織の区域として設置されていて、行政的には「居民委員会」が管轄しているが、その他の住民グループやボランティアなどが活動する範囲にもなっている。

この社区という都市社会の最小単位のあり方を農村地域にいわば移植して、農村の住民組織の再編成をねらったものが「農村社区」である(9)。

農村地域の行政区分上の末端組織は村であり、村では「村民委員会」が組織されている。この委員は村民による選挙で選出され、トップの主任をはじめ、さまざまな担当部署に配置される。選挙によるとはいうものの、基本的には上から降りてくる行政機構の末端という性格をもった地方政治の下請機関的な組織であり、地域住民の自発的、自主的な組織、あるいはボランティア的な活動を主要とする組織とはいいがたい。経済成長が農村地域に波及しても、都市地域の発展に比べての立ち遅れが目立つようになると、農民の生活環境への不満は高まる。それへの対処としてさまざまな基礎施設の整備、文化やスポーツにかかわる施設の充実が必要になってくる。新農村建設という政策でそうした施策が実施されているのだが、旧来の村民委員会の体制では対応しきれなくなっている。

そこで、とくに居住条件の改善や生活水準の向上をめざして導入されてきたのが農村社区化である。都市地域での社区というあり方を農村地域で展開しようとするものだが、二〇〇八年ころに、その時期の金融危機を受けて、城鎮化と社区建設を連動させるという方針がとられた。これは、内需発展によって経済成長させることが重要となって、社区建設を中心的な課題としたものである。とりわけ居住条件の整備、具体的には、古くなり劣化した家屋を改築あるいは新築して、快適かつ都市的な居住環境のもとで新たな生活様式を享受できるようにしようとしている。新農村建設と城郷一体化が農村社区の建設によって具体化されているといえるだろう。それは、農村地域に都市的な生活様式を浸透させて、「都市並み」の生活水準を確保しようとするものである。その手段として社区建設が進められている。そこで、新農村建設の一部をなしている社区化が、むしろ農村政策の中心的な課題になりつつある。

さらには、二〇〇〇年代後半に「新型農村社区」が鼓吹されてきている。これは、いくつかの散在している村を、あるいは同一の村の内部で散在している住宅地を一ヵ所に統合し、二階建てや五階建て、さらには高層ビルなどの集合住宅に農民を移住させるもので、農民を集住化させる政策である。これによって、上下水道や暖房、情報ネットワークなども完備した新しい住居で、都市的な生活様式を享受することができ、農民に対するさまざまな公共サービスや社会保障事業もより効果的になる。これは「撤郷并居（＝旧村から移住して集住する）」と表現されているが、大規模な集合住宅の周囲には、幼稚園や小学校、診療所、娯楽やスポーツの施設、集会所、さらにはスーパーなどが建設され、一つのニュータウンのような様相を示している。この新型農村社区は、これまでの農民の生活様式を一変させるものとなるかもしれないと考えられる。そこでこの点をもう少しみていこう。

集住化の進行

新型農村社区の建設ということで、農民が集中居住という形態で新たに建築された集合住宅に転居するという政策は、現在中国の各地で進行中のものだが、これを本書では集住化と名づけている。この集住化という政策には、いくつかのねらいが込められている。

くりかえし述べているように、「三農」問題を解決し、都市と農村との格差を縮小するために、新農村建設政策が推進され、農村地域における道路、水道、電気、暖房、通信などの生活基礎施設や、教育、医療、養老などの社会保障や、文化、娯楽、スポーツなどの施設の整備が進められている。しかし、広く散在する村々でこうした政策を実施するのは、膨大なコストがかかる。建設費もそうだが、維持費用が広い範囲であればあるほどかさんでくる。そこで、散在するいくつかの村を合併し、一ヵ所に集中させることで効率を上げることができるわけである。[10] 山東省でいえば、行政村が一〇万村あったのが、この一〇年間で三分の一がなくなった。合併と土地の貸借が進んで集中したことによる。「託管」といって供銷社（＝農産物や生活品を購入販売する共同組織）が仲介して土地を管理している。また、旧来の農家の宅地は、平屋造りで小面積だが庭のあるものが多く、それらを一ヵ所に集中し、かつ高層の集合住宅とすることで、宅地用地は大幅に削減することができる。[11]「宅基地」といって、もともとは家屋のための請負配分面積以外の土地があったが、旧村の家屋は農民の私有だが土地は集団所有なので、この宅基地を村が処理することになって、この土地も集中された。

このような政策が出てきたのは、都市化と工業化によって土地の需要が増え、農地が減少するという現象が生じてきたからである。中国では農用地の減少を厳禁している。全国で一八億ムーを維持しなければならない。しかし、工業用地を捻出するためには「流転（＝土地の転用）」を図らざるをえない。そこで解決策の一つとして、二〇〇六年に「土地増減挂鉤（＝土地の増減の関連づけ）」といわれる政策がとられるようになった。これは、農用地を工業用地として転用する場合に、農家を集住させることによって余剰として生じた土地を耕地化することで、農用地の減少を防ぐものである。集住化したあとの旧来の宅地を工業用地に転用することで、農用地が工業用地に転用されるのを防ぐことができる。あるいは、旧来の宅地を農用地へと転用することで、農用地の全面積を減らすことなく市街地近郊の農用地を工業用地に転用できる。山東省でいえば、旧宅地は一戸当たり〇・二ムーから〇・五ムーを使っている。これを集住化させれば、一〇〇ムーあった住宅地から五〇ムーを耕地にできるという。そこでこの面積分にあたる農地を新たに工業用地に転用できるわけである。いわば土地の「錬金術」だが、このように、これまでの農地面積を減少させずに新たに工業用地を生み出して工業団地を造成するなどの手段として、集住化が進められている。これによって地域の工業化が促進されることになる。

さらに、いくつかの村を合併して一つの新たな農村社区に統合することで、行政的な地域末端の受け皿という機能が強化される。農村地域の行政的な「治理（＝行政上の統治）」をスムースに展開するために、これまでの村民委員会を改組して、農村社区の管理組織へと衣替えを進める。そのことによって、散在する数カ所の村を統合して行政の効率を高めることができる。

以上のような効果をねらって、「集中居住型農村社区」（李善峰、二〇一三、八〇）すなわち新型農村社区の建設が進められている。集住化による都市化を社区化という場合もある。この集住化は、一見すると、最新の集合住宅が立ち並んで団地のようになり、周辺の諸施設ともあいまって、農村地域の中にニュータウンが出現したように感じられる。庭付き二階建ての場合は別荘地のようでもある。分散していた人口を集中するので、同時にさまざまな資源も集中してくる。いくつかの村が合併した新型農村社区は「中心村」ともいわれて、学校、幼稚園、病院などの公共施設や、老人ホーム、敬老院などの高齢化対策の施設、さらに文化広場や図書館といった文化施設も整備される。したがって、農村地域における都市化の推進のための有効な手段として機能しているように受けとめられる側面もある。しかも、そこの住民は、以前と同様に農業への従事を継続することで、農業が都市化のなかで衰退していくという現象を防ぐこともできると考えられている。その意味で、集住化は新農村建設政策が進化してきた新型城鎮化の最新の方向を示すものといえるだろう。

生活様式の都市化

新型農村社区の建設すなわち集住化がもたらすもののなかで、われわれがとくに注目するのは、そこに居住する農民の生活様式が激変することであり、そのことによって、農村の地域社会の構造的な変化が生じるのではないかということである。

農民自身の日常的な生活のあり方からすれば、集住化によって、それまでの生活様式と大きく異なってくるのは、とくに居住環境である。旧来の住居は、レンガ造りの平屋建てで、三間あるいは四間という間取りが多く、院庭という小さな庭が付いている。それに対して、新たに建築される住宅は、多様な形式があるが多くは二階建てから五階建てほどで、一棟に二世帯から二〇世帯ほどが集合して居住する。われわれの調査での具体例は本書の後半で詳述するが、庭付き二階建てや五階建ての高層住宅、さらにはもっと高層のビルを建設している例もある。日本でいえばアパートというよりもマンションに近い。居室の内部は数室の間取りで、内装は現代的であり、家具や電化製品などを新調するのが一般的である。

こうした居住環境になると、そこに大きな問題が生じる恐れがある。というのは、現在の中国の農業経営は、家族請負制が基本であり、つまりは小経営的な家族農業経営であって、そこでは経営と生活とが一体となっているからである。第二次、第三次産業に従事するサラリーマン的な生活様式では、生活の場である住宅から出勤して仕事場に着き、そこで勤務したのち、仕事が終われば住宅へ帰宅するというように、生産活動と消費生活とがまったく分離されている。だが家族農業経営では、経営のための時間と生活のための時間とが未分離であり、したがってまた、場合によっては年少の子供が親の仕事を手伝うなど、家族構成員が経営に参加することもありうる。庭先での仕事が付随することも多く、生活時間のなかで家屋と庭とを行ったり来たりするというのが一般的である。しかし、集合住宅に居住するとなると、庭はなくなり、ちょっとした手作業を生活時間の合間におこなうという環境はなくなってしまう。農業従事者だとしても、高層住宅の五階部分に居住するような事態になれば、就業時間と消費生活時間とが分離してしまうだろう。

このように考えると、新型農村社区に居住する農民は、これまでの農業に従事する者の生活様式というよりも、サラリーマン的な生活様式にならざるをえなくなるのではないだろうか。そして、集住化によって集合住宅に転居した農民は、遅くない時期に農業から離れて、高齢者ならば引退、中年や若年層は他産業への転職ということになるのではないだろうか。あるいは、農作業に従事するけれども、それは家族農業経営という形態ではなく、たとえば大規模に経営される企業に雇用されるという、いわば農業労働者という形態になるのではないだろうか。すでに大都市郊外では、そうした企業経営が現れている。集住化という方策は、工業化を進めながらも農地面積を減少させずに農業生産を維持するために生み出されたのだが、にもかかわらず、その結果として生活様式の変化から離農が増加するという現象が生じる恐れがある。生活基礎施設やその他の居住諸条件が整うことも、やはり生活様式を変化させることにつながる。水道光熱の整備や医療や購買の利便化は、どうしても現金支出を増大させる。となれば現金収入を求めて農外就労せざるをえなくなる。現金収入を得て生活に必要な物資やサービスを購入するという生活様式がしだいに拡がるだろう。さらに、集住化によって農業にせよ非農業にせよ自宅と仕事先との距離が広がり、通勤や通学が当然のことになるだろう。

しかし他方では、集住化によって、生活基礎施設、教育や医療などが整備され、日用品の購入などが便利となって、都市に出稼ぎしていた若年層がUターンする可能性が出てくるとも考えられる。ただし、農村地域でも高学歴化が急速に進んで、高校やそれ以上の高等教育機関に入学するために都市へ移る若者は増加していて、しかも卒業後はそのまま都市で就職するので、あいかわらず若年層が農村社会にいないという状況が続くという想定もできる。

ともあれ、新型農村社区建設による集住化が進めば、農村地域に都市的な生活様式が浸透していく趨勢は止まらないだろう。そうなったときに、現在の中国農村において、農業生産の継続や農業の担い手の問題を避けることができるのだろうか。また、農民たちは急激な生活環境の変化に適応できるのだろうか。

第三節　中国農村研究の課題

以下では、これまで山東省で実施したわれわれの調査研究の成果を検証し、この成果と前節までの検討をふまえて、平陰県調査における研究課題を示すことにする。

一　農業経済合作組織の進展——山東省三地域の比較調査（『中国農村の共同組織』（二〇〇七年）による）

工業と農業の相即的な発展

中国の農村社会は、一九四九年の新中国成立後の「土地改革（=農地改革）」での自作農創出があり、互助組から初級合作社を経て高級合作社へという農家の組織化、最終的には人民公社の成立、そして、一九七八年の改革開放の開始による家族請負制の導入と、めまぐるしく変遷してきた。改革開放後の驚異的な経済成長が持続され、沿海部から始まった工業化は、しだいに中国全土に拡大しようとしていて、農村地域にまで及んでいる。

農村地域では、一九八〇年代から、農民が経営したり村の組織が資金を提供したりする郷鎮企業が数多く形成され、「農転非（＝農民が非農業に従事する）」という事態が進行した。また一九九〇年代にはいると、農村から都市へと出稼ぎに出ていく「農民工」が増加し、「民工潮」といわれる現象となった。こうしたなかで、農業の衰退、農村の疲弊、農民の窮乏という「三農」問題が表面化して、農村地域の都市と比べての発展の遅れが大きな問題となった。これは改革開放の当初以来の「先富論（＝条件の整ったところから先に豊かになる）」を下敷きにした、工業の発展を農業が支援するという方針によって、都市の発展が優先されたためである。そのうえ、都市戸籍と農村戸籍との峻別という中国独特の二元的な戸籍制度が、農村社会の流動化を阻害し、発展を妨げる要因となった。中国全体としては経済成長が続くなかで、都市と農村の格差はむしろ拡大してきた。

一九九〇年代の終わりから二〇〇〇年代の初めになると、こうした農村の立ち遅れを挽回しようと「統籌城郷（＝都市農村一体化）」が唱えられ、工業が農業を後押しし、都市が農村を支えるという方針が打ち出された。「以工促農、以城帯郷（＝工業が農業を促進し、都市が農村を率いる）」というスローガンのもとで、農村地域の発展が推進された。つまりは、工業と農業との相即的な発展をめざして、「三農」問題の解決を図ろうとしたのである。

われわれ日本側研究者と中国側の山東省社会科学院の研究者とが共同で二〇〇〇年代前半におこなった山東省での農村調査は、ちょうどこの時期に当たっている。この調査研究では、いわゆる「農業経済合作組織」がどのように形成され、それと地域社会のあり方、農民生活の実態がどのようにかかわっているのかについて、事例研究法を用いたインタビューによって明らかにしようとした。というのも、「農業合作社」といわれる農家の共同組織が、農業発展の程度に照応して多様な形態をとっていて、それが農村地域の社会関係や生活構造と連関していたからである。

共同組織の展開

山東省は中国の華北地方（中国では「華東」に分類されることが多い）の沿海部に位置し、日本や韓国と近く、対外貿易や外資導入などで経済発展が著しい。「農業大省」といわれたように農業面での先進性もある。われわれは、山東省内の経済発展が、東部、中部、西部の三地域で異なっているとして、それぞれで農家の共同組織を事例調査した。

山東省の中でも海に突き出た山東半島を中心とした地域は一段と発展している。われわれはこの地域を東部と名づけて、莱陽市を対象地とした。ここでは、酪農すなわち乳牛を飼育して生乳を出荷する組織が形成されていた。中国では、これまでの小麦やトウモロコシといった耕種農業から、「経済作物」といわれる商品価値の高い作物への転換が進められており、これを農業における「構造調整」といっている。こうした商品作物への転換は、農業による収益の向上を図るというねらいがあるのはもちろんだが、経済成長による食生活の水準の向上によって、野菜や果物、肉類や乳製品への需要が増加していることも大きな要因となっている。この莱陽市における酪農業の展開も、そうした「農業現代化」の流れの中にある。

そしてこの事例が注目されるのは、それぞれの農家が個別に生乳の出荷をおこなっているのではなく、「龍頭企業」が存在していることである。龍頭企業は、農家を束ねて農産物を集荷し、それを加工したりして市場へ販売するという「産業化（＝系列化）」によって、農業生産の現場から国内市場や海外市場までの流通過程を系列化している。龍頭企業には、郷鎮企業が成長して大規模になったものや、海外企業との合弁でつくられた企業など、さまざまな種類があるが、この莱陽市では、生乳を生産する農家、行政機関による畜牧センター、生乳を集荷し加工する海外資本の龍頭企業、と系列化されている。この畜牧センターは、その管轄する区域が村の範囲を越えており、かなり広域の農家が組織化されている。龍頭企業である海外企業の集荷範囲は萊陽市全域に及んでいる。

次は山東省中部の事例である。中部は、東部とは異なって港湾地帯がそれほど近くなく、したがってその分だけ市場規模も小さくなる。ここで調査対象としたのは、泰安市の龍頭企業の下部組織の一つとして農業合作社を形成しているものである。この事例では、地元の郷鎮企業から成長した龍頭企業である農産物加工会社が、傘下の農家から減農薬栽培の蔬菜などを集荷して加工し、主として海外の市場へ輸出している。日本へもニチレイと提携して冷凍野菜などを輸出している。この加工会社に系列化されている下部組織の一つが、いわば「村ぐるみ」でこの会社と出荷契約を結んでいる農業合作社である。この合作社には、村の構成農家が全戸参加しており、会社との契約で栽培する農地も、自家消費分を除けばほぼ全面積がそれに当てられている。植付面積、種子、農薬、栽培方法などすべてが会社の指示にしたがっており、収穫物の全量を会社が買い上げる。

「村ぐるみ」というのは、全戸参加ということもあるが、それだけではなく、村の指導層である党支部、村民委員会、村の農業合作社の、それぞれの幹部がほぼ重なっているということである。党支部の書記や副書記などが村民委員会の主任や副主任を兼任していて、さらに農業合作社の理事長などの幹部職も務めている。こうした、いわば「三位一体」的な組織化が進んでいて、村がまるごと加工会社の共同出荷組織になっている。

三つめの山東省の西部地域では、河北省に近い徳州市平原県を調査対象地とした。山東省は沿海部として経済発展し、また農業大省として農産物生産も進んでいるが、省の西部となる地域は、そうした発展に遅れており、農民の収入も低い。いわば山東省全体が、中国全土の沿海部と中部、西部との発展格差を縮図として示しているといえる。この西部地域にある平原県では、調査当時はいまだ強力な農業経済合作組織が形成されておらず、農業合作社の前身ともいえる「農業専業協会」が形成されていた。

この事例での農業専業協会では、農家が組織化されるという形態にはいまだ至っておらず、農民の中で「能人」といわれてリーダーシップをとる人物が農家を牽引している。新たな農業の方向や市場の動向に対して、組織的に対応するというのは萌芽的な段階にとどまっていて、リーダーの力量に頼っている面が大きい。

新たな共同の可能性

新中国では、農地改革のあと、農家を農業の担い手とする家族農業経営が拡がった。しかしその個別化の方向は、互助組や初級・高級合作社の形成という形で集団化の方向へと逆転した。この集団化は人民公社へと極限にまで進み、この時期の農村地域では、生産活動はもちろんのこと、生活上のさまざまな機能が共同化され、個別的な行動はほとんど不可能となった。けれども、改革開放へと舵が切られて人民公社は解体され、家族請負制へと再び個別化の方向がとられた。

このように個別化と共同化とが交錯してきた歩みが新中国の農業の歴史だったといえるだろう。そしてそれは、農業生産だけではなく、農民の生活のあり方、村や郷の地域社会のあり方にも影響を及ぼしてきた。そうしたなかで、農業経済合作組織の形成は、またもや農家の集団化という方向をみせてきている。家族農業経営を営む農家経営は、単独で巨大な市場に向きあうことは難しく、共同化することで市場経済に対応しようとする。われわれが調査したこの時点では、そうした共同化による対応として、地域の経済発展に応じて、三つの類型がみられた。共同組織のあり方として発展度の違いはあるものの、いずれもが農家の集団化によって農業経営を持続的に展開していこうとするものである。この点に、現在の中国農村において、新たな共同の可能性をみることができるだろう。

しかし、最近では「農民工」ではなく「農民農（＝大規模農業経営に雇用される出稼ぎ農民）」（馬流輝、二〇一三、一八五）なるものが現れている。これは、出稼ぎ農民が都市の第二次・第三次産業に従事するのではなく、大都市近郊で大規模に展開されている蔬菜栽培や畜産業者に雇われるというものである。一面では、社会全体の工業化の進展のなかで、大規模な農業経営を展開することで農業生産の持続的な発展をめざそうとする動きを示すものといえるが、他面では、出稼ぎ農民が農業に雇用されるということは、家族農業経営とは異なる資本制的な農業経営という形態をとるわけで、家族農業経営の共同化という方向と資本制的経営による大規模化という方向とのいずれになるのか、またもや中国農業の大きな転換点をもたらすものとなるかもしれないと思われる。

二　新農村建設の展開——山東省鄒平県の事例調査（『中国華北農村の再構築』（二〇一一年）による）

新農村建設の課題と目的

改革開放後の経済発展は、都市地域だけではなく農村地域においても工業化を進める方針がとられ、郷鎮企業が盛んに形成された。都市と農村のいわば結び目をなす役割を担って「小城鎮」が建設され、この小城鎮で郷鎮企業はしだいに規模を拡大していく。経済成長が波及してきた農村では、農民が現金収入を求めて都市へ出稼ぎするようになり、この農民工が都市へと押し寄せる現象は「民工潮」と呼ばれた。小城鎮は、農村の人口が大挙して都市へ移動してさまざまな都市問題が発生するのを、この小城鎮に農民を吸収することでくいとめるという機能をはたすことになる。しかし、都市と農村との格差は経済成長が驚異的に続くなかで拡がり、都市の発展に対する農村の立ち遅れから生じる諸問題がふくらんで「三農」問題と呼ばれた。こうしたなかで、農業の振興、農村の環境改善、農民の生活向上をめざして取り組まれてきたのが、新農村建設政策である。

新農村建設は、韓国のセマウル運動など海外の実例を参考にしたともいわれている。だが、すでに第二次世界大戦以前にも「郷村建設」といわれる農村社会の改善運動が取り組まれていた。そこで、新農村建設の「新」とは、以前の政策とは異なる新しい農村建設政策だという意味もあるし、旧来の農村とは異なる新しい農村を建設する政策だという意味もある。また、新中国になってからの政策だということを強調して「社会主義新農村建設」ともいわれる。

新農村建設政策が取り組まれている背景には、上述したような都市と農村との格差、「三農」問題の深刻化などが重大な問題となり、たんに農業の工業に対する立ち遅れを是正するというような、農業生産の近代化を推進するという政策だけでは、農村や農民がかかえる困難な状況の解決がむずかしくなってきたということがある。民工潮といわれるような都市への農村人口の流入は歯止めがかからず、都市戸籍と農村戸籍という二元的な戸籍制度は、人口が都市へ移動するのを抑えるどころか、都市に流入した農民の就業条件や生活環境を劣悪な状態におき、都市問題を悪化させるという逆効果を招いている。小城鎮建設は余剰人口を吸収する一定の効果をもたらしているものの、農民が離農して都市へ向かう勢いは、小城鎮の吸収力を上回っている。

そこで、農民の収入を上げるということだけではなく、生活環境を改善することで、いわば「都市並み」の生活を享受することができるようにして、農民が農村地域にとどまるようにしようとするのが、新農村建設政策である。というのは、経済成長の影響が農村にも及んで、水道光熱、暖房などの生活基礎施設や、教育、医療、社会保障などの諸制度、娯楽、スポーツなどの施設や日用品の購入のためのスーパーといった生活環境を整えるように、という農民の要求が高まってきているからである。とくに若年層は、就業機会はもちろんだが、教育や都市的な生活様式などが整った都市地域の魅力に引きつけられている。こうした、農村地域においても都市並みの生活環境を整え、都市と農村の相即的な発展を、就業機会や収入水準だけではなく、生活環境の全般にわたって実現しようとするのが、新農村建設のねらいだといえるだろう。

新農村建設の地域差

われわれ日本と中国の共同研究グループは、前述した山東省内の三地域の比較調査をおこなったのち、二〇〇〇年代後半に山東省濱州市鄒平県を対象地にして、新農村建設の進行状況を実地調査した。この鄒平県は、山東省内でいえば中部に属し、工業化にしても新農村建設の展開にしても、山東省のなかでは中位に位置するといっていい。鄒平県で経済発展が本格化したのは一九九〇年代からで、地元の郷鎮企業が大きく成長し、綿工業や化学工業の大工場ができた。第二次世界大戦以前も産地だった綿花の栽培から綿花紡績業が、またトウモロコシの栽培から製糖業が発展し、全国規模の企業集団になっている。畜産業にも力を入れており、龍頭企業や農業経済合作組織も発達してきている。この鄒平県のなかで、新農村建設の取り組みの程度に違いがある三つの村を事例調査の対象地に選んだ。新農村建設の発展に違いが出るのは、村が人民公社の時代から引き継いだ農業生産のあり方や、地域への工業や商業の浸透の程度の違い、村民委員会の構成員がもっている能力や知識の差、村の人口規模や地理的な位置の違いなどが絡みあって、新農村建設政策を実施するための財源や人材の調達、村民の受け入れ状況などに違いが出るためである。

孫鎮馮家村では、新農村建設は基本的な生活基盤の整備という段階にとどまっている。この村は一九八〇年代にモデル村として小麦の種子生産である程度の高収入を得ていた。それは村全体での共同化によるもので、そのことが家族請負制の導入を遅らせてしまった。種子生産はほぼ全戸参加の「専業合作社」を設立して今日まで継続されており、そのほかに養豚の専業合作社もあり、農業生産は盛んである。このことがかえって村の工業化を遅らせ、収入源は農業と村外での農外就労とである。新農村建設で取り組んでいる事業は、トイレの改造、診療所の設置、文化施設の建設などにとどまっている。

孫鎮霍坡村は、農業生産を維持しつつ工業団地の誘致に成功している。農地を転用して団地を形成し、三〇社近くの企業が進出している。この工業団地の借地料や団地内の企業への就業で、村民の収入は高い水準にある。新農村建設の事業としては、庭付き二階建ての新たな住居の建設、「文化広場（＝運動器具などを備えた公園）」の建設、スーパーの開業など、生活環境の整備を進めている。農業と工業とのバランスをとりながら、村民の収入を上昇させ、生活水準を向上させようとしている。

長山鎮東尉村では、鎮自体が鄒平県内の工業開発地域にあり、大規模な企業が形成されている。東尉村はこの鎮のなかでも「中心村」的な存在であり、農業生産は糧食作物を共同化するだけになってしまい、ほとんどの村民は離農するか兼業している。村の郷鎮企業も「東尉集団」と呼ばれる企業集団に発展しており、その理事長は村のトップリーダーの地位にいる。新農村建設の事業では、四階建ての集合住宅を七棟新築しており、村民が移転した跡地は「東尉社区」として近隣の村々を合併して集住させる計画になっている。最新の設備を整えた新築の老人ホームも運用されている。また、診療所の設置や医療保険制度、年金制度の導入など社会福祉面の充実も図っている。このように東尉村では、新農村建設の政策を先進的に進めているといえるだろう。

新農村建設政策は、都市地域の工業化による経済発展の恩恵を農村地域にもたらす、というようなやり方ではなく、農村内部での発展を促進させることによって都市と農村の格差を縮小させ、それを農村から都市への人口流入の抑制につなげるというものである。鄒平県の三村は、そうした政策の進展度が如実に現れた事例だといえる。東尉村は、村の企業集団の成功による豊富な財政力を基盤にして新農村建設政策を先進的に導入している。霍坡村は農業と工業とを並列的に維持存続させようとしながらも兼業化が進んでいる。ここの新農村建設としては住居建設などの施設の整備が主で、医療や福祉などへの取り組みはまだ十分ではない。馮家村では農業から工業への脱皮に立ち遅れ、新農村建設への取り組みは小規模な設備を整えるにとどまっている。

都市化政策への傾斜

以上のような事例調査の結果として明らかになったのは、新農村建設政策は、工業と農業との相即的な発展、あるいは都市と農村との共存と相互支援といったものをめざしてきた中国の農業、農村、農民に対する政策を大きく転換するものだということである。新農村建設は、都市並みの生活環境を整えることがめざされ、その財政基盤は農村地域における工業化である。それは農村における都市化の推進だといえるだろう。農村に居住したままで、より利便性と快適性が高い都市的な生活様式を享受できるようにすることで、農民が農村地域に安定して居住し、そのことによって農村から都市への人口流入を抑える。いわば農村にいながら都市的な生活様式を享受するということがねらいであり、そのための農村の都市化だということである。

都市と農村の格差が問題とされ、「三農」問題の解決を図るものとして示されたのが新農村建設である。それは、農業と工業との相即的な発展をめざして都市と農村の格差を縮小していこうとするよりも、農村自体において都市化を進めることで問題の解決を図ろうとするものである。もちろん、農業の重視、農村地域の伝統的な文化や習慣の維持は唱えられているけれども、新農村建設の実質は、農村の建設というよりも農村を都市に転換することである。調査時点では、都市化の進展に程度差があり、農村地域がまるごと都市化するというようにはなっていなかった。しかし、都市的な生活様式を浸透させ、それによって農民を農村に引きとめておこうとする点では、どれもが同じ方向性をもっており、都市化をめざすやり方は新農村建設においては中心的なものといえるだろう。

しかし、こうした都市化の方向によってただちに農村地域がかかえる諸問題がすべて解決できるわけではない。たしかに農民の収入の上昇、生活環境の向上などは期待できるが、都市化は逆に都市に固有な社会問題をもたらす。たとえば、自然環境の悪化、同一地域内の住民の貧富の差、地域生活の個別化による疎外、犯罪や非行の増加など、いわゆる都市問題が発生するようになってしまうと、生活環境の向上のための施策が逆に負の側面をもたらすということになりかねない。都市化の光と影は、調整がむずかしい課題だといえるだろう。

三　本書の課題――集住化による農村社会の構造変動の解明（山東省平陰県の事例調査）

新型農村社区の建設

中国農村の改革開放政策以降の変遷を大筋で見ると、家族請負制と郷鎮企業とが盛んになった一九八〇年代、経済成長の進展とともに農民の出稼ぎと農村社会の疲弊が問題となった一九九〇年代、そして二〇〇〇年代前半における「三農」問題解決のための都市と農村との総合的な発展の推進、二〇〇〇年代後半では新農村建設の強化と都市と農村の融合を図る政策の推進、さらに二〇一〇年代にはいると、新型農村社区建設による新型城鎮化の展開ということができるだろう。こうした農村社会の変動のなかで、われわれは山東省の農村社会の事例調査を継続しておこなってきた。それらは、今みてきたように、二〇〇〇年代前半と後半とのそれぞれの研究成果としてまとめることができた。そこで以下では、われわれが二〇一〇年代前半における農村社会の現状を調査研究した際の課題を示すことにしたい。

都市と農村の格差を縮小し、工業と農業との相即的な発展をめざしている中国の姿は、われわれには、高度経済成長による工業化とは反比例的に衰退してきている日本の農業と農村社会とは逆の展開を示していて、農業や農村の再生の希望を与えるようにも思われた。しかし、二〇〇〇年代後半の調査研究で見えてきたのは、農村社会を農村社会として持続するのではなく都市化するという方向である。経済成長のなかでむしろ拡がる傾向にあると指摘されてきた都市と農村との格差は依然として大きく、農村地域に居住する農民たちの、自分たちの収入の低さや生活環境の劣悪さ、教育や医療の水準の低さへの不満は大きい。そのことが農民の都市への流入を後押ししている。そこで対策としてとられたのが、農村において都市的な生活様式を浸透させ、都市並みの快適で便利な生活環境を整えることによって、農民を農村にとどめようとする新農村建設政策である。さらに、二〇一〇年代にはいって新型農村社区建設を中軸とする新型城鎮化が推進されてきている。われわれは、この動きは現代中国の農村社会のあり方を決定的に変える可能性があると考え、その動向を山東省済南市平陰県の事例調査によって明らかにしようとした。その成果が本書である。

新型農村社区は、集中居住型農村社区ともいわれ、数ヵ所の小規模な村を合併するか比較的規模の大きな村のなかの旧来の居住地を移転させ、集中した居住地を新たに建設するとともに、周囲に教育、医療、社会福祉、公共生活サービスのための施設を整備して、新農村建設政策で目標となっている農村地域の生活環境やさまざまな社会制度の充実を一挙におこなおうとするものである。新たな居住地に造成した分の農地面積は、旧来の宅地を農地へ転用することで減少を避けることができる。こうした土地の用途の転換を通して、農地面積を減らさないとする国の方針に対応することができるし、しかもとくに高層住宅にした場合には、新たな宅地面積が旧来の宅地面積よりもかなり小さくなり、土地の余剰を大幅に生み出すことができる。こうすることで、余剰分を工業用地などに転用して、そこからの借地料や誘致した企業からの税収入などで、新農村建設を進めていくうえで地方政府に大きな負担となっている財政問題を解決し、さらにそこから新たな利益を得ることもできる。こうした村の合併と集中居住という方策を、本書では集住化と呼んでいるが、集住化とそこでの新型農村社区建設は、農民の生活水準を都市並みに引き上げ、地方政府の収入源にもなるということで、新農村建設政策の決め手となるようにも思われる。

集住化によって農民は集合住宅に居住することになった。いわば都市のニュータウンが農村地域に出現したわけで、農民はこれまでとはまったく異なる生活様式のもとで暮らすことになる。水道光熱や暖房などの生活基礎施設は集中的に管理されて快適に生活できるし、周囲には幼稚園や小学校などの教育機関、診療所といった医療設備、文化、娯楽、スポーツなどのための施設、スーパーなどの日用品の購買施設が整い、住民は身近の便利な生活基礎施設を利用できる。さらには、農民社区として住民が集中することで、社会保障制度も効率的に運用できる。こうして社区住民は都市的な生活様式に完全に移行する。農業生産が営まれている農村地域でありながら、農民の消費生活の実態としては都市的であり、居住環境や社会福祉制度などが都市住民と同様のものとなっている。つまり、農村の居住地がまるごと都市化するわけで、まさに全域城鎮化だといえるだろう。

集住化の問題点

しかし、集住化は大きな問題をはらんでいるようにも思われる。現在の中国農民は家族請負制のもとで農業に従事している。それは家族農業経営という形態であり、小農経営といってもいい。この経営形態では、たとえ家族構成員のほとんどが農外就労しているとしても、農業生産は雇用労働力によって営まれているわけではない。家族構成員が、自らの生産手段を用いて自らの労働力を発揮して、生産活動をおこなっている。したがってそこでは、生産活動と消費生活とは完全に分離しておらず、むしろ経営と生活が一体となっている。

集住化が進むなかで、こうした農業経営が持続できるだろうか。都市的な生活様式が農村に浸透することになるが、とりわけ高層住宅に居住するという生活様式が、農業への従事という生産活動となじむものとは思われない。家族農業経営においては、いわゆる職住分離、労働時間と生活時間の分離は進行していない。むしろ、そうした未分離が生産と生活という契機が相互に補いあうというメリットをもたらしている。しかし、高層住宅に居住するとなれば、都市サラリーマンと同様の就業状態すなわち朝に会社へ出勤し夕に会社から戻るという生活にならざるをえないだろう。

それでも農業に従事する場合には、農業生産が資本制化して農業資本に農民が従業員として雇用されるという形態になるということであり、「農民農」といわれる現象はその現われだろう。そうなると、農業の企業化が順調に発展しなければ、農業生産そのものの弱体化はまぬがれないのではないだろうか。農業の雇用先がなければ、農民は離農して他産業へ就業してしまい、工業や商業などの非農業部門は成長するものの、農業は衰退を余儀なくされるのではないかと思われる。

農業生産の今後という問題とともに、都市的な生活様式が今日の中国農民にどのような影響をおよぼすのか、という点も重要である。急速な都市化による生活習慣の変化が、とくに高齢層に対して大きな負担となるのではないかと予想される。また、近隣関係の疎遠化、職場関係の分散化などで、都市的な生活様式に対応できない農民も多いと危惧される。

本書の課題

中国の農村社会は、改革開放政策以降、家族請負制のもとで家族農業経営が営まれ、そこに都市とは異なる社会関係が構築されてきた。そこでは、地域社会のあり方として都市とは異なる農村独自のものができている。

しかし、今日の集住化という方向は、こうした農村社会のあり方を崩していく中国農村の構造変動をもたらすものとなるように思われる。中国の農村社会は、農村でありながら農村ではない、という独特なものになるかもしれない。日本の農村が、一九六〇年代の高度経済成長や一九八〇年代のバブルの時期、その後の「失われた二〇年」のなかで経過してきた構造変動すなわち村落社会の解体という結末に、中国の農村社会も改革開放以来の四〇年間でたどりつくのだろうか。それとも、耕種農業の維持、商品作物や畜産などの高度な生産への転化、生産から流通までの系列化などの強力な政策実施のもとで、農業生産は維持され、新型農村社区という形態で新しい生活様式を享受しながら、農民は農業に従事し続けるのだろうか。いずれにせよ、農村社会のあり方や農民の生活は大きく変容するだろう。そうした視点から現在の集住化の状況を確実にとらえておくことが必要だと思われる。今後の中国農村の構造変動を展望するにあたって、その始点となる現状を把握することは焦眉の課題だといえるだろう。

以上のような課題関心のもとで、われわれは山東省平陰県の調査研究を二〇一一年から始めた。二〇一三年には事例調査法の手法を取りながら[12]、個別農民に対して調査票を用いた面接調査を実施した。それらの調査結果にもとづいて、第二章では山東省の農村社区の現状を分析した。第三章は調査対象地である平陰県の概況と調査方法について示した。第四章、第五章、第六章は面接調査の結果にもとづいた分析である。第七章は全体をまとめている。

この調査研究は、日本と中国の農村研究者の共同研究であり、日本側は各章の執筆者のほかに、細谷昂東北大学名誉教授、中島信博東北大学名誉教授、吉野英岐岩手県立大学教授、劉文静岩手県立大学准教授が現地調査や討論に参加している。同様に中国側は、執筆者のほかに姚東方山東省社会科学院副院長が参加している。

【注】

(1) 中国での小城鎮研究を概観するのには、王小章、二〇一三、を参照にした。

(2) 改革開放から「新農村建設」に至るまでの農村社会の歩みを諸段階に分けて整理する研究がいくつか示されている。しかし、たとえば、「社会主義新農村建設は、改革開放以来の農村の第三次革命である。第一次は家族請負制が土地を供給し、第二次は農業税の免税で税負担を減らし、第三次こそ新農村を建設し質を上げることである」(劉奇、二〇〇六、二)のように段階設定の基準が一定していないものが多い。家族請負制、村民委員会組織法、税制改革、新農村建設を「わが国の農政の重点の転換は、まさに異なる時期に直面する主要な問題に変化が発生したことによる。経済発展の促進あるいは社会安定の保持という圧力が動くもとで、中国農村の改革は一歩ずつ深化していった」（陳雪蓮、二〇一〇、一七）と指摘しているものも同様である。本文で述べたように、家族請負制、都市部の経済成長による農村人口の流出、「三農」問題の深刻化、新農村建設の取り組み、というように、農村社会の変動を家族経営の維持と都市化の進展との関連でとらえるべきである。

（3）その意味では「「三農」はけっして農業そのもの、農村の内部、農民自身の事情だけではなく、国民経済発展と社会安定の全体に影響する全局面に及ぶ問題である」（柯炳生、二〇〇七、一三）ともいえるだろう。農村社会内部にとどまる問題ではなく、中国社会の全体とりわけ都市と農村との関連にかかわる中国特有の社会構造にもとづいている問題だからである。

（4）小城鎮の意義について、「城市化の発展過程から見れば、改革開放三〇年このかた、小城鎮、中小城市、城市群の三種の形態が順に出現し、前後に相継ぐ一つの総合的発展体系を形成した」（劉金海・孫小麗、二〇〇九、七五）という評価もあるが、しかし本文で述べるように、都市規模の拡大の出発点という位置づけよりも、小城鎮の独自の性格に注目したい。

（5）「城郷発展の隔たりと制度の差異は、中国の一種特殊な現象であり、このために、城郷一体化は中国の発展問題を討論するときの一つの特殊な概念である。ここで使用しているこの概念の含意は、城郷の要素が市場で一歩ずつ統一されるのを通して、国家の公共サービスが城郷社会を覆い尽くし、城郷住民の権利の均等を実現することである」（党国英、二〇一二、二〇）という指摘は、農村社会の生活構造のあり方が問題なのだというとらえ方が弱い。消費生活の水準を「都市並み」にすることが問題なのである。

（6）張軍によれば、「城郷統籌発展とは、都市と農村、工業と農業、城鎮住民と農民について、一つの全体的な統籌を企画すること」（張軍、二〇一二、二）である。「城郷統籌発展の鍵は統籌であり、統籌の目的は発展にあり、だが発展の重点は農村と都市にあり、発展の鍵は体制改革の深化にあり、改革の重点は城郷分割的な二元体制を打破することにあ」（同前）ると、城郷一体化を推進するものと位置づけている。だが、二〇〇〇年代後半以降の農村政策の進展や農村社会の変化は、都市と農村の融合をめざすというよりも、農村のままでの都市化へと向かっている。

（7）張華によれば「新型城鎮化は、経済建設、政治建設、文化建設、社会建設、生態文明建設の『五位一体』の全組み立てのもとでの城鎮建設発展と全体の向上の路である。新型城鎮化は、工業化、情報化、城鎮化、農業現代化のこの『新四化』が同じく発展する前提のもとでの城鎮建設発展と全体向上の路である」（張華、二〇一三、二）。

（8）しかし、たとえば「城郷産業発展の一体化を推進する。工業化、城鎮化、農業現代化の発展を協同して推進する」（鄭志喜、二〇一〇、六八～六九）といわれるように、農業、農村の発展を工業化と調和させようという考え方が数多く示されている。けれども他方では、「中国の城市化は、都市建設と農村建設を併行する路を行くしかなく、城郷一体化の道を行くしかない。城市化の過程の中では、農村を建設するのであって農村を破壊するのではなく、農民が都市にとどまることができない時に、農村に帰るように願いかつ順調にできるようにし、つまり『農村の消滅』から『農村の建設』へと転換し、広大に生活する農村の人口が不断に生活の質を高めるようにし、生産様式と生活様式を転換し、農村にとどまっていても都市の幸福な生活を同様に享受できるようにする」（秦慶武、二〇一二、一一八）と、農村における生活水準の高度化を図ることで城郷一体化をめざすという考え方もみられる。

（9）農村社区については、「『農村社区』とは、農村の一定の地域範囲内の、同じ価値基準や文化伝統をもっている人々が構成する社会生活共同体を指す」（柳紅霞・李増元、二〇〇九、五）という見解もあるが、中国の場合「同じ価値基準や文化伝統をもっている」といえるかどうか疑問である。経済発展が進み農村の変容が著しい時代に形成される農村社区は、いわゆる「自然村」的なものとは異なるし、そもそもアジア社会における村落共同体の先在自体が明確に検証されているとはいえない。むしろ、「農村社区は一定の地域の人々によって、類似した生産と生活の様式、共同的社会管理とサービスを実行する機関を構成している農村の基層社会の生活共同体である」（劉其順、二〇一三、五六）という規定のほうが現実に即していると思われる。

（10）村の合併の類型については、たとえば、「一つは『多村一社区』モデル、二つには『村庄合併社区』モデル、三つには

『一村一社区』モデル、四つには『企業社区』モデルである」（劉其順、二〇一三、五七）といったような分類がある。

（11）山東省では、「わが省の一階建てを二階建てに改築すると、約二〇パーセント～三〇パーセントの農村の建設用地を節約でき、高層ビルを建てると、約五〇パーセント以上を節約できる」（徐啓峰、二〇一三、九一）という。

（12）農民に対するインテンシブなインタビューによって農村社会をとらえようとする調査方法は、中国国内でも近年盛んになっている。その一例として、白南生、二〇〇九、を参照のこと。

【引用文献】


小林一穂・劉文静・秦慶武、二〇〇七：『中国農村の共同組織』、御茶の水書房。

小林一穂・劉文静（共編著）、二〇一一：『中国華北農村の再構築』、御茶の水書房。

白南生、二〇〇九：『農民的需求与新農村建設：鳳陽調査』社会科学文献出版社。

陳雪蓮、二〇一〇：「従『三農問題』到『新農村建設』」『中国農村研究二〇一〇年巻下』、中国社会科学出版社、二〇一〇年一一月。

党国英、二〇一二：「城郷二元体制的非公正性与矯正路径」『中国農村発展研究報告No．8』、社会科学文献出版社、二〇一二年一一月。

鄭志喜、二〇一〇：「統籌城郷発展、建設和諧社会」『中国農村研究報告二〇〇九』、中国財政経済出版社、二〇一〇年五月。

費孝通、二〇〇六：『郷土中国』、上海人民出版社。

柯炳生、二〇〇七：「建設社会主義新農村与解決〝三農〟問題」『中国農村研究報告二〇〇六』、中国財政経済出版社、二〇〇七年三月。

李善峰、二〇一三：「二〇一二～二〇一三年山東：社区建設和基層治理的現状、問題与対策」『二〇一三山東社会藍皮書』、山東人民出版社、二〇一三年一月。

劉金海・孫小麗、二〇〇九：「農民進城的歴史視角――農村城市化三〇年」『中国農村研究二〇〇八年巻上』、中国社会科学出版社、二〇〇九年三月。
劉奇、二〇〇六：『和諧社会与三農中国』、安徽人民出版社。
劉其順、二〇一三：「山東省農村社区建設的現状、問題与対策」『二〇一三山東社会藍皮書』、山東人民出版社、二〇一三年一月。
秦慶武、二〇一二：『三農問題：危機与破解』、山東大学出版社。
柳紅霞・李増元、二〇〇九：「社区建設　政府何為」『中国農村研究二〇〇九年巻上』中国社会科学出版社、二〇〇九年一〇月
馬流輝、二〇一三：「『農民農』：流動農民的異地職業化」『中国農村研究二〇一三年巻上』、中国社会科学出版社、二〇一三年一一月
徐啓峰、二〇一三：「山東省新型農村社区規画的現状与建議」『二〇一三山東社会藍皮書』、山東人民出版社、二〇一三年一月。
王小章、二〇一三：「小城鎮研究与小城鎮的現実発展」王小章他『浙江四鎮――社会学視野下的中心鎮建設』、浙江大学出版社、二〇一三年二月。
張華、二〇一三：「前言」『二〇一三山東社会藍皮書』、山東人民出版社、二〇一三年一月。
張軍、二〇一二：「中国城郷統籌発展測量評価研究」『中国農村発展研究報告Ｎｏ．８』、社会科学文献出版社、二〇一二年一一月。
張慶忠、二〇〇九：「社会主義新農村建設的若干問題」『社会主義新農村建設研究』、社会科学文献出版社、二〇〇九年七月。
張戦鋒、二〇一三：「加快城郷一体化規画建設推進新型城鎮化」『二〇一三山東社会藍皮書』、山東人民出版社、二〇一三年一月。

第二章

山東省における農村社区化の現状

秦　慶武
（何　淑珍　訳）

新型農村社区のなかでも都市近郊の高級な団地。
（2012年３月13日撮影）

中国農村の集住化は、中国の城市化すなわち都市化の進展とともに出現した。中国の工業化と都市化の過程で、農村における大量の剰余労働力が農村から都市に入り、農村の衰退現象が生じた。統計によると、中国の農民工総数は約二・六九億人であり、そのうち一・六六億人が出生した郷・鎮を離れた地で就業している。多くの農村では、青年労働力とその家族が故郷を離れ都市に流入したため、「空心村」と「空世帯」という現象が起きている。すなわち一部の農家は年中無人の状態にある。この状況が、農村の合併と農家の集住化に前提条件を提供した。山東省の農村は、社区化建設を通して一部の伝統的村落を消失させ、新しく建設した農村社区において多くの伝統的村落と住民を集住させた。このことが同時に現地の都市化の進展および新農村建設を推進させた。伝統的村落の消失と新社区の出現が、中国における重要な社会変動を体現している。

第一節　山東省における都市化発展の道程

城市化あるいは城鎮化とは、農業を主とする伝統的農村社会から工業とサービス業を主とする現代都市社会へと徐々に転換する過程である。都市化の過程は、人口の職業転換と産業の構造転換および土地と地域空間の変化を含んだものである。都市化の水準が高まるのに伴い、第一次産業に従事する労働力が効率の高い第二次、第三次産業へと徐々に転換し、構成要素の配置がさらに良好となり、経済が持続的に発展している。山東省は中国の縮図である。その都市化の発展過程は、中国の都市化発展の過程とほぼ歩調を同じくしている。山東省における都市化の発展過程を理解すれば、中国全土の都市化の発展過程を理解したことになるといえよう。

一　山東省における農村都市化の道程の回顧

二〇世紀の山東省は、小農経済を基礎とした農業文明から機械制大工業を基礎とした現代工業文明へと転換するのに伴い、社会形態が農村社会から都市社会へと変化し、全体景観が「郷土山東」から「城鎮山東」へと転換し、都市化の工程が著しい成果を遂げた。都市化の水準が一九四九年の六・六パーセントから二〇一三年の五三・七パーセントまで伸び、年平均〇・七五パーセントの伸び率で発展している。城鎮人口が一九四九年の二九九万人から二〇一三年の五、二三二万人に、一七・五倍増加した。しかし、山東省における都市化の道程は一筋に順調だったわけではなく、発展過程では萎縮と停滞状態もあった。

改革開放以前の山東省における農村都市化の道程

（一）中華人民共和国が建立する前の緩やかな発展段階。新中国が成立する以前は、基本的に農業大国であった。半植民地半封建状態の下で、山東省における工業化の発展速度は遅く、都市化は直接的な原動力に欠けていた。したがって、山東省における城鎮の発展は、出発点が極めて低い基礎の上で始まったものであり、新中国の成立時点では山東省の都市化率はわずか六・六パーセントであった。

（二）一九四九～一九六〇年の比較的速い発展段階。この時期では、国民経済を回復させ、戦争の傷跡を治癒した上で、山東省は、国家による重点建設プロジェクトを加速させる前提の下で、一部の古い企業を改造し、一部の工業企業を建設し、工業生産の総規模を拡大させた。都市化と工業化は基本的に同じ速度で発展するようになり、大量の農村人口が城鎮人口へと移り、城鎮の健全な発展を実現した。特に一九五八～一九六〇年の大躍進の期間中、「やる気を鼓舞し、上へと力を尽くし、多く早く良く節制的に社会主義を建設する」という「総路線」の指導の下で、農村の労働力が爆発的に城鎮へと流れ込み、都市化を一つの無計画的な発展段階へと押し進めたことによって、一九五九年時点での都市化率が一度は一一・〇パーセントにまで飛躍した。

（三）一九六一～一九七七年の波打ち停滞段階。日に日に増して来る人口の増加による城鎮への圧力に対して、国務院は一九五八年に『戸籍管理条例』を発布し、農村戸籍と非農村戸籍を厳格に区分し、農業人口が城鎮へ移ることを抑制した。戸籍管理の効果が現れることに伴い、また「大躍進」の失敗と自然災害によって大量の工業労働者を農村へと移動させたことによって、山東省の城鎮人口は一九六一年から大幅に減少し始め、一九六三年の都市化率が八・四パーセントまで低下し、一九五九年に比べると三・六パーセント減少した。一九六六年から一九七八年までの「文化大革命」および政治経済領域における一連の大きな政策の失敗が、山東省に大きな損失をもたらし、山東省の都市化の進展に大きな打撃を与え、一九七〇年になると都市化率が七・五パーセントという最低点まで低下した。一九七一年からは都市化率がある程度回復したものの、一九七七年時点では一三・三パーセントまでにしか達しなかった。

総括すると、改革開放以前の山東省における都市化は以下のいくつかの特徴をもっている。（一）都市化の原動力の主体は政府である。（二）非農業労働力に対する城鎮の受け入れ能力が低い。（三）都市化の区域発展が高度な集中的計画体制の制約を受ける。（四）城鎮の運営体制が非商品経済の特徴をもつ。このような都市化の結果、都市と農村の間では互いに乖離、閉鎖した「二元社会」を形成し、農村人口は自由に城鎮へ流れ込むことを阻止された。

改革開放後の山東省における農村都市化の道程

（一）一九七八～二〇〇〇年の快速発展段階。中国共産党第一一期三中全会は、党の任務の中心が移動することを実現し、改革開放を通して発展と現代化を促進する方針を確立させ、中国社会が変革する新たな幕開けとなった。これまでなかったこの歴史的激変の一つの重要な側面は、中国の都市と農村の間における流動が二〇年間の断絶を経たのち回復し、しかも未曾有の規模で全面展開していることである。一九七八～一九九〇年のあいだの山東省における農村経済の体制改革が、農村経済の発展と非農産業の比重をたえず増加させることを促した。特に郷鎮企業の至る所での開花が、都市化の進展を大きく押し進めて、城鎮人口の増加がかなり速くなり、都市化率が一九七七年の一三・三パーセントから一九九〇年の二七・三パーセントまで上昇した。一九九二年に、中国共産党第一四回大会が鄧小平の南方談話の精神にしたがい、経済体制改革の目標は社会主義市場経済体制を建立させることである、と明確に提示した。この新しい理論の指導の下で、山東省の都市化が全面的に押し進められる段階へ進んだ。人口の都市化率が一九九一年の二七・三パーセントから二〇〇〇年時点では三八・二パーセントへと上昇し、毎年の平均上昇幅が一・〇パーセント以上になった。

（二）二〇〇一年から今日までの加速発展段階。二一世紀初頭、山東省共産党委員会と山東省政府が「都市化進展の加速に関する決定」を策定し、都市化を山東省の四つの発展戦略の一つとして確立させた。今後一〇年以内に山東省を全国において都市化が発展した地域の一つとして発展させることを確立し、都市化率が五〇パーセント程度になることを目標とした。二〇〇三年六月に、山東省委員会はまた会議を開き、高い出発点、高い基準、高い機能、大きな思考、大きな動きを提唱し、それによって半島都市群の建設を加速させ、全省の都市化発展の新たな突破点を実現し、山東省都市化建設の進展をさらに一歩加速させた。二〇〇九年一一月、山東省党委員会と省政府は「新型都市化

表2-1　山東省が設定した区・市の都市化率および発展目標

	現状（2012年）		計画（2030年）	
都市	常住人口(万)	都市化率(%)	常住人口(万)	都市化率(%)
済南市	694.96	65.71	1,000	83-85
青島市	886.85	67.14	1,300	85以上
淄博市	457.93	64.84	500	80以上
棗庄市	377.20	49.40	380	70以上
東営市	207.26	62.08	260	80以上
烟台市	698.29	56.82	750	75-80
維坊市	921.61	49.75	950	75前後
済寧市	815.81	46.13	800	75前後
泰安市	552.89	52.56	550	75前後
威海市	279.75	59.25	330	80以上
日照市	283.43	49.84	300	75前後
莱蕪市	131.35	54.17	150	75-80
臨沂市	1,012.44	48.90	950	70以上
徳州市	563.10	46.24	550	65前後
聊城市	589.33	40.10	550	65前後
浜州市	378.87	49.74	400	65前後
菏沢市	833.81	40.01	780	60以上
合計	9,684.88	52.43	10,500	75

を力強く推進することに関する意見」を提示し、山東省における都市化の発展についての近期、遠期の目標を明確にし、都市群を主体形態とし、大中小都市と小城鎮が科学的に配置され、都市と農村が互いに促進し、区域が調和的に発展するという新型都市化路線を提示した。これらの政策の指導の下で、山東省の都市化の水準が一層高まり、二〇〇一年の全省都市化率が三九・二パーセントで、翌年には四〇・三パーセントになり、一・一パーセント上昇した。二〇〇三年には四一・八パーセントになり、一・五パーセント上昇し、二〇〇四、二〇〇五、二〇〇六年の山東省の都市化率がそれぞれ四三・五パーセント、四五・〇パーセント、四六・一パーセントであり、前の年に比

べるとそれぞれ一・七パーセント、一・五パーセント、一・一パーセントと上昇した。おおよそ毎年一パーセントの伸び率をみせた。二〇一一年になると山東省の都市化率は五〇パーセントを超え、二〇一四年には五五パーセントとなり、水準がさらに高まり、速度がますます速くなり、都市化発展の「黄金期」となった。

総括すると、改革開放後の山東省における都市化には以下のいくつかの特徴がみられた。（一）政府と市場が都市化を発展させる二重の原動力となった。（二）工業化の進展が加速し、それによって城鎮の非農業労働力を吸収する能力が徐々に増強した。（三）都市の発展する活力が次第に回復し、都市の経済構造が日に日に適切になった。（四）土地の都市化が人口の都市化より速い。このような都市化の結果、中国の歴史上空前の規模を誇る都市と農村間の大流動が何十年持続しても衰退しなかった。農業労働力が非農業産業へ移転し、農村人口が都市へ流れ込む。このことは一九六〇年代以来の都市と農村の断絶的二元的な発展構造と人口の分布構造をすでに打破したことを表している。

二　山東省における農村都市化の主な特徴

山東省発展の新たな引き金となる城鎮化

山東省における経済発展の伝統的原動力が厳しい挑戦を受けることになり、城鎮化が経済発展の重要な原動力となった。その主な原因は下記の通りである。

（一）伝統的に高い消耗、高い排出の工業化をもって経済発展を率いるという発展モデルは持続しがたい。改革開放以来、山東省の経済発展は主に工業化の実現によるものであり、工業化を押し進める過程で、高い貯蓄、高い投資、高いエネルギー消耗の経済が連続して三〇年余発展した。しかし、労働力、資源価格などのコストの高まりおよび外需市場の一連の低迷を伴い、もともとの発展原動力が厳しい挑戦にあい、これまで通りの過度の資源投資に依存し、高い汚染、高い排出という発展モデルを、城鎮化と産業転換更新などの措置をもって経済発展を率いるモデルへと改めざるをえなくなった。

（二）山東省の都市化水準は比較的低く、発展の空間が広く残っている。江蘇省、浙江省、広東省に比べると、城鎮化率が一〇パーセント以上低い。その他、現在山東省の城鎮化率が五五パーセントを超えてはいるが、都市戸籍人口の城鎮化率が常駐人口の城鎮化率より一〇パーセント以上低い。全省における「半城鎮化」地点の農民工数は約一、〇〇〇万人余に達しており、彼らは都市住民の福利厚生を受けることができていない。山東省の城鎮化水準が低く、城鎮化の発展空間が比較的大きい。

（三）山東省の城鎮化は巨大な需要を生み出すことができる。工業化が供給を生み出し、城鎮化が需要を生み出す。山東省の総人口は大きく、二〇一四年には九、七八九・三万人で、全国で第二位である。城鎮化率が一パーセント伸びることが、浙江省の二パーセントに値する。山東省の城鎮化が動かす衣食住の消費需要は巨大である。城鎮化は、基礎施設、住宅、耐久消耗品、自動車などの需要を推し進めるとともに、教育、文化サービス、社会サービスなどの需要をも推し進める。推計によれば、山東省の城鎮化率が一パーセント伸びるたびに、全省における投資が新たに二、三〇〇億元増加し、地方財政の収入が新たに二〇〇億元余増加する。[1]

城鎮化率と城鎮化の発展水準を高めることによって、山東省の経済発展に巨大な原動力をもたらすことができ、経済の快速発展を推進することができる。

農村社会から都市社会への転換

二〇一一年には山東省の城鎮化率は五〇・九パーセントであり、城鎮の人口がはじめて農村人口を上回り、山東省は農村社会から都市社会へと転換している。城鎮化の快速推進により、都市経済が山東省の経済増加の核心的な力となってきた。二〇一四年には山東省の三産業間の比例が八・一対四八・四対四三・五となり、第二次、第三次産業の生産額の比重が国民経済総生産額の九〇パーセント以上を占め、経済発展を支えている主要な原動力となった。将来の五～一〇年間の城鎮化の快速推進につれて、資源環境の制約が日に日に顕著になり、山東省は郷村型社会から都市型社会へ転換する要となる時期に突入する。

長い間、山東省の都市発展は、外延拡張の道を一途に歩んできており、一種の典型的な粗放型の発展モデルに属している。このような発展モデルは、高増加、高消耗、高排出を特徴とし、資源の高い消耗と汚染物の高い排出の基礎上に成立しているものである。山東省は低炭素産業の比重が低く、二〇一四年にサービス業の増加値の占める率が全国平均水準より四・七パーセントも低かった。省エネ環境保護などの産業の比重が小さい。全省における石炭消費量が約三・四億トンであり、第一次エネルギー消耗において七六パーセントを占めており、全国平均水準より八パーセント高い。火力発電が全省の発電機の八九・八パーセントを占めており、全国平均水準より二三・六パーセントも高い。それに伴い、二酸化炭素などの主要汚染物排出総量が全国で第一位となった。空気中の細かい顆粒物の標準を一・四倍上回り、先進国の平均濃度の六倍以上である(2)。このような高い増加、高い消耗、高い排出、高い拡張を特徴とした粗放型都市発展モデルが、都市空間の無秩序な開発、都市汚染の激化、社会発展の非均衡化など多くの疲弊をもたらした。このような粗放型都市発展モデルが日々多くの疲弊を露出し、継続発展が困難になり、早い時点での転換が必至となった。都市転換を推進する核心は、低い消耗、低い排出、高い効率の新興科学発展モデルであり、集約的で、高い効率の、新機軸の提示、融合、和諧の発展路を歩まなければならない。城鎮化転換の視点からみれば、将来的に主には城鎮化の質を高め、集約的、効率的、公平公享、低炭素の城鎮化の発展の路を辿るべきである(3)。

農村人口の近隣地への移転

四川、湖南、安徽、江西、河南省の農民が省をまたがって出稼ぎするのとは異なり、山東省における農村の剰余労働力は現地や近辺で移動している比率が高い。最近二〇年来、山東省の農村労働力の九〇パーセント以上が省内で移動を実現し、その七〇パーセントが県城内で移転を実現し、多くの農民工は県所在地の都市および鎮で家屋を購入し定着した。農村人口が現地や近辺で移動するのが山東省における城鎮化発展の一大特色である。

山東省における城鎮化過程における農民の需要、および利用土地の節約を図る要求に適応するために、近年、山東省は都市の中の村、都市周辺の村、郷鎮駐地村、経済強村、鉱山区域の移転村と、都市と農村の建設用地の増減を関連させる試験地区の村を重点として、村の合併と新型農村社区の建設を進展させ、農村が現地で城鎮化することを実現させた。例えば、諸城市、青島市黄島市黄島区などがそうである。新型社区の建設は、農業と農村の現代化を推し進め、都市と農村の二元構造を崩し、農民が現地や近辺で城鎮化することを促す重要な手法である。

小城鎮への農村人口の移転

山東省から見ると、県域の城鎮と小城鎮建設は、農村人口の移転を支える主要な陣地として、城鎮化の発展に重要な役割をもつ。しかし、山東省における小城鎮の総合実力はかなり弱く、全国における百強鎮の中では、広東省が三〇鎮、江蘇省が二三鎮、浙江省が一七鎮を占めているが、山東省からは一つも入っていない。鎮の人口が五万人を越える小城鎮は、広東省が六九鎮、江蘇省が二三鎮、浙江省が三一鎮を占めるが、山東省は一五鎮のみである。山東省の小城鎮は、規模が小さく、経済的実力が弱く、産業レベルが低く、基盤力が弱い。小城鎮は、「都市の後尾、郷の先頭」である連結作用を十分に発揮できず、すでに全省の県域経済の発展と城鎮化の弱点となっている。

この二年間、省党委員会や省政府が小城鎮建設を高度に重視し、それに対する補助力を強化した。二〇一二～一三年に、全省から二〇〇鎮を選出して重点的に補助し、「模範鎮」を作り出すことに焦点を当てている。各地の都市も小城鎮への補助度を強化し、小城鎮建設を加速させる一連の政策を打ち出し、山東省の小城鎮の建設速度は著しく加速した。工業、観光、生態農業など特色のある産業をもって推し進めた小城鎮建設は、初歩的成果を得られ、現在は山東省の農村人口が移転する重要な担い手となった。

新型農村社区の建設による都市化の推進

近年、山東省は、城中村、城周辺村、郷鎮駐地村、大企業周辺村、経済強村、鉱山区域の移転村と、都市と農村の建設用地の増減を関連させる試験地区の村を重点として、全省の九八パーセントの県、八二・五パーセントの鎮、五九パーセントの村に新型農村社区建設を展開させ、村を合併させた。新型農村社区の建設が、農村の現地での都市化を実現させた。現在、山東省の多くの農村において、このような現地での都市化が現れた。たとえば、諸城市、青島市黄島区、淄博市馬橋鎮、斉河晏城鎮などがそうである。ある意味からいえば、農村人口が城鎮へ集中するということは都市化の一種の表れにすぎない。都市化の実質は、農民の生産・生活様式が、伝統的農業社会から現代化の工業社会へと転換することであり、農民の生産様式の工業化、生活様式の都市化、思想観念の現代化である。

農民の職業の非農業化、生活様式の都市化は、最も基本となる特徴である。村落を合併させて新型農村社区を建設することによって、人口を小城鎮へと集中させ、住居を社区へと集中させ、公共サービスが農村へと伸びる基体を建て、実質内容のある都市化を実現させる。（一）農民の職業の非農業化。たとえば、諸城鎮は、都市の区域にあった企業を農村社区へと延ばすことによって、都市と農村の優勢な相互補填を実現し、都市と農村の一体的な産業の連帯をつくり上げた。都市区の一〇〇社以上の企業が農村社区へ広がり、三〇万人の農民を家の玄関で工業労働者へと変化させ、農民が社区の中心村へ集まり、産業による支えを受けて現地での都市化を徐々に形成している。（二）生活様式の都市化。たとえば、青島市黄島区が誠意を込めて作った一五分間の社区サービス圏は、社区ごとに社区サービス代行店をつくり、生活保護、老人優遇、障害者補助、家政サービスなどの五八項目の内容を取り入れている。たとえば医療サービスの面では、本区は二年間で五、〇〇〇万元を投資して二ヵ所の市標準レベルの街道医療サービスセンター、三八ヵ所の社区医療サービス地点、六四ヵ所の市規模化レベルの医療室と四三ヵ所の社区障害者のリハビリセンターを改築した。文化の面では、全区では農村社区文化活動センターの保有率が一〇〇パーセントである。さらに著しい特徴をもつのは黄島区政府で、社区サービスの唯一の提供者ではなくなり、社区の仲介組織、社区組織、住民と政府がともに社区サービスの責任を背負うようになっている。近年、全区では社区の民間組織が八〇〇以上に発展し、ボランティアが一万人以上となり、社区における専門的サービス人員が二、八〇〇人余となり、農民が城鎮の住民と同様に、便利で質の高い公共サービスを受けられるようになった。

都市と農村の格差の縮小による都市農村一体化発展

都市と農村の距離が拡大から縮小へと転換している。一九九〇年代に、山東省の都市と農村の収入の差が次第に拡大し、一九九六年の都市と農村の住民一人当たりの純収入の比例が二・三四対一であり、二〇〇一年には二・五三対一になり、二〇〇八年時点ではもっとも高い二・八九対一となった。二〇〇八年以降、都市と農村の住民の収入の差が徐々に縮小し、二〇一四年の都市と農村の住民の収入比例は二・四六対一であった。全国に比べると、山東省の都市と農村の収入比例が全国レベルよりずっと低く、都市と農村の収入比例は三対一を超えたことがなく、山東省の都

表2-2　全国および山東省における農民の収入と比例値（1993-2014）　（単位：元）

年	全国			山東		
	都市住民平均可処分収入	農民平均純収入	収入比	都市住民平均可処分収入	農民平均純収入	収入比
1993	2,577.4	921.6	2.80	2,515.1	953.0	2.64
1996	4,838.9	1,926.1	2.51	4,890.2	2,086.3	2.34
1999	5,854.0	2,210.3	2.65	5,809.0	2,549.6	2.28
2001	6,859.6	2,366.4	2.90	7,101.1	2,804.5	2.53
2003	8,472.2	2,622.2	3.23	8,399.9	3,150.5	2.67
2005	10,493.0	3,254.9	3.22	10,744.8	3,930.6	2.73
2007	13,785.8	4,140.4	3.33	14,264.7	4,985.3	2.86
2008	15,780.8	4,760.6	3.31	16,305.4	5,641.4	2.89
2010	19,109.4	5,919.0	3.23	19,945.8	6,990.3	2.85
2011	21,809.8	6,977.3	3.13	22,791.8	8,342.1	2.73
2012	24,564.7	7,916.6	3.10	25,755.2	9,446.4	2.73
2013	26,955	8,896	3.03	28,264	10,620	2.66
2014	28,844	9,892	2.92	29,222	11,882	2.46

市と農村の差が比較的小さいということを表している。二〇〇八年以降、全国と山東省の都市と農村の住民の収入差が絶えず縮小したのは、以下のいくつかの原因に由来する。（一）国が二〇〇六年に農業税を全面的に撤廃した上で、食糧生産に補助金を提供するなど農民を優遇する多くの政策を打ち出した。（二）二〇〇五年以来、肉体労働者の給料水準の伸びが加速したことが史上最大速の時期にあたり、農村住民の収入が絶え間なく高くなった。（三）社会公共資源と公共サービスが絶えず農村地域へと延長し、農村地区の発展に多くの条件を提供した。

また、公共基礎設備が順調に農村地域へ延伸した。近年、山東省は「道路、水、電気、ガス、医療、学校」を重点とし、都市と農村の基礎設備の建設を積極的に展開した。村の中心の道路、ゴミ処理、上下水道、照明などの基礎設備の建設を積極的に推進した。「第一一期五ヵ年計画」期間では、山東省における農村道路建設へ合計三八四億元を投資し、全省における九九・八パーセントの行政村にバスが通るようになった。農村道路の総距離が二〇万キロメートルになり、九七・六パーセントの行政村にアスファルトあるいはコンクリートの道路が通った。全省範囲でのゴミ処理システムが初段階で完成し、三〇ヵ所の県（市）が都市と農村のゴミ処理を一体的に処理し、八、〇〇〇以上の村の生活汚水の問題が解決された。二〇一四年、村の中心の建設に一、五七五・二億元を投資し、前年より七・一パーセント伸びた。農家家屋を新しく五〇万戸新築し、一〇万戸の危険家屋を改築し、新型社区を合計六、一九〇区建設した。六〇パーセントの行政鎮、六八パーセントの新型農村社区に汚水処理施設を建設し、九五パーセントの行政鎮にゴミ運搬施設を建設し、すべての新型農村社区の生活ゴミを有効に処理することができた。農家用のメタンガス池を一・五万戸で新築した。

さらに、都市と農村の公共サービスの一体化が高速度で進んでいる。近年、山東省の社会建設は「民生を優先する」を前面に出し、共に享受するモデルが著しく進展した。住居保障の面では、二〇〇二年から二〇〇四年までの間は、山東省の住居保障資金がもっとも多く投入され、建設規模がもっとも大きかった時期である。全省では、安価で賃貸する住居、経済的な住居と公共的賃貸住居の数量を迅速に増加させ、多層にわたる住居保障体系が基本的にできあがった。都市と農村の住民の全体を網羅した社会保障体系が著しく進展し、城鎮住民の養老保険と新型農村社区住民の養老保険制度が全体を覆い尽くした。都市と農村の住民の大病医療保険制度をつくりあげ、都市と農村の住民の基本的医療保険の全面的実施を実現させた。「全省統一、都市農村一体」である住民基本医療保険制度と住民大病保険制度をつくりあげ、二〇一四年時点での保険加入者が七、八八五・八万人である。そのうち、城鎮住民の加入人数が二、一二七・八万人であり、農村住民の加入人数が五、七五八万人である。生活困難者の保障水準が増加した。農村における生活保障を受ける人数が二五八・二万人であり、一人当たりの年間保障標準額が二、九九〇元であり、前年より四八〇元高くなった。社会救助事業も安定した発展を遂げている。農村における養老機構が一、五二五ヵ所であり、ベッド数が二四・五万床であり、集中養老の提供率が七四・三パーセントである。

三　山東省における城鎮化と農村人口がかかえる新しい問題

人口の城鎮化に対する空間の城鎮化の先行

城鎮化の本質は、農村人口が城鎮へ移転することである。わが国は新型城鎮化の概念を提示したが、その核心は人を本とし、農民工の市民化を推し進め、農村人口を城鎮へ集中させることである。しかし、関係資料によると二〇〇〇年から二〇一〇年の間、全国の平均では、都市人口の平均増加速度が三五・三一パーセントであり、新しく建設した土地面積の増加速度が九九・二九パーセントであり、土地面積の増加速度が人口の増加速度の三・九五倍になり、二者が比例していない状態である。すなわち、空間の城鎮化が人口の城鎮化よりはるかに前を進んでいる。調査によると、各地は城鎮化の企画にしたがって、設区市と県城の枠組みがすでに広がり、多くの土地が都市建設用地として区分されている。人口の城鎮化が七〇〜八〇パーセントになったとしても、現在の空間で十分に受け入れられる。

しかし、農民が都市に流入することに多くの問題が存在し、都市化水準を高めることに新たな困難をもたらしている。（一）農民が都市に移るコストが高すぎる。農民工の低賃金のために、彼らの都市で住居を購入して定住するという願望を実現させることができず、多くの農民工が長期にわたり流動的状態に置かれ、都市化水準を高めることの妨げとなっている。（二）都市の財政支出と公共製品の提供が、現在の都市戸籍の人口に基づいているため、農民工が都市人口の待遇と各種サービスを受けることができない。（三）都市と農村を統一した労働力市場をつくることが多重の困難に直面している。現在、地方政府は、自身の利益と政治業績の評価指標から出発し、外来の農民工を排除している。大量の農民工の流入が、一方では都市の基礎設備、社会治安、失業者への措置に圧力をもたらしている。他方では、彼らに対して生活保護を提供することが経済発展のコストを増加させることになる。したがって、多くの政策が農民工の都市に入ることを排除するのである。

農民の都市に移住し定住する意欲の減退

最近山東省棗庄市の関連機構が、農民と農民工の都市で定住する意欲に関してアンケート調査を実施した。回答した三、三八四件のアンケートのうち、農村人口の七二パーセントが都市で定住したくないと回答し、農民工の六五パーセントが戸籍を都市に移したくないと回答している。棗庄市の各区が戸籍の受け入れを開放したが、農村人口が戸籍を都市に移したケースは限られている。他の区での調査においても、同様の結果であった。経済発展が著しい山東半島において、都市に移した戸籍をまた農村に戻そうとしている動きが現れており、農村で土地がなくてもよいとしている。

調査によると、中小都市では農村の人々が都市戸籍に魅力を感じない原因は、一方では、これらの都市の産業が支える能力が低く、安定した職業を提供することができない。他方では、都市戸籍に含まれている福利厚生があまりにも限られたものであり、農民がこの都市戸籍を有するかどうかが実際になんの魅力もない。現在、農民にとって一番魅力があるのは都市戸籍に含まれる社会福利であり、中小都市の質の良い教育資源であり、社会保障がその次となっている。したがって、中小都市の戸籍を開放しても、農村人口が押し寄せる現象は生じない。

実を言うと、現在農村戸籍に含まれている社会福利が、農民が一番重視しているものである。（一）請負地である。これは農民の心配事を解決する根本であり、農民はそれを手放したくない。（二）家屋と宅地である。これは農民の財産であり、農民が「根をおろす」根拠地である。農民の郷土概念は先天的なものであり、故郷に対する感情は捨てがたいものである。（三）農村における子ども一人半という計画生育制度が、農民にとって魅力がある。（四）発展した農村地区では、集団経済がまだある程度の収益があり、年末には分け前がある。都市戸籍に十分な魅力がない限り、農民が戸籍を自ら進んで移すことはないと思われる。

農民工における人、戸、家屋の三棲分離現象

農業の効率が比較的低く、かつ農業が大量の農村人口を収容できなくなったため、多くの青壮年農民が農村を離れ、都市で出稼ぎすることが必然的な現象となっている。八〇年代生まれ、九〇年代生まれの若者が、農民工の二世あるいは三世となる。大都市では就業機会が多く、給料水準が高く、サービス施設がよいため、若者が移りたがる。しかし、大都市の生活コストは高く、住居の価格は高く、移住するハードルは高い。農民工はただ短期滞在するのみであり、定住しがたい。中小都市には定住できるが、吸引力に欠ける。このことが、農民工自身の居住地と戸籍が分離する「半都市化」現象を生み出した。統計によると、わが国の都市化率は五〇パーセントを超えたが、都市戸籍の人口は三五パーセントを占めるにすぎないため、「半都市化」あるいは「偽都市化」現象と呼ばれている。実際、人と戸籍の分離は農民工の理性的選択であり、合理的であるため、長期的に存在するであろう。大都市の戸籍を開放しても、農民工が戸籍を移すとは限らない。農村人口の人と戸籍が分離する形態は常に続くであろう。

現在、山東省の中東部と西部の一部地域では、多くの若者が結婚する際に女性側から提示される要求の一つが、県城で住居を購入することであり、将来都市に移住できるということである。県城のマンションの価格は一平方メートル当たり二、〇〇〇元程度であり、一〇数万元で一戸を購入することができ、多くの若者の選択肢となっている。両親と親戚の補助があれば、この願望も実現可能である。長期的視点からみると、新世代の農民工は、中小城鎮で住居を購入して定住する人数が増加するであろう。これらの人々は、農村に帰りたがらず、しかし大都市では住居を購入することができず、一定期間（二〇年）の辛抱を経て一定の貯蓄ができるので、故郷から近い中小都市あるいは県城で定住するというのは、悪くない選択である。したがって、現在は多くの地域では、人と戸籍、住居が分離するという現象が現れている。人が大都市で出稼ぎするのは、就業機会が多く、給料が高いからである。戸籍が農村にあれば、請負地と宅地を保留できる。また中小都市で住居があれば、中小都市の住居の価格は低く、生活コストは低いが質の良い教育を受けることができる。

政府は農民工を市民化させるために、社会保障制度を改善し、融通の利く戸籍制度を投入し、農民に廉価で住居を賃貸するなど多くを試みた。しかし、農民工およびその家族に自ら戸籍を都市に移させるというのは簡単なことではない。したがって、農村人口の人と戸籍が分離するという現象が長期的に存在すると思われる。

一般的な小城鎮における農村人口の吸引力の弱さ

農民を都市に移住させること、特に就業している大都市に定住させることが、中国の城鎮化政策の最も正しい政策とは限らない。大都市の交通渋滞、空気汚染、住居不足、限られた収容力、農民工の定住コストの特段な高さにより、大都市で出稼ぎしている多くの農民工にとって、その都市で定住するということはそれほど現実的ではない。大都市の市長らが、大量の人口流入で受ける圧力がとても大きいため、それを防ぐ措置をとろうとするのも理解できる。それでは、人口が城鎮化することの出口はどこにあるのだろうか。それはやはり小城鎮と中心鎮である。事実上、多数の農民工の願望も中小城鎮あるいは中心鎮で定住することである。多くの農民工が大都市に定住するというのは現実的ではない。

現在、各地は小城鎮建設を重視し、農村人口を鎮において吸収しようとしている。しかし、客観的にいえば、多くの鎮駐地は人口何千人の小さな鎮であり、農民にとってそれほどの魅力もない。山東省では、一つの県に十数鎮があり、各鎮それぞれに人口と産業を集中させることはとても困難なことである。そのため、計画する際、県城から距離のある一、二の重点鎮を前面に出し、その発展を促し、県城の副中心として産業と人口を集中させるべきである。中小都市と中心鎮で定住することは、多くの農民工の願いだからである。

中小都市と中心鎮をもって最終的に農村人口を吸収し定住させるということをめざすのは、以下のいくつかの理由による。（一）相対的に多くの就業と創業の機会がある。中小都市と中心鎮は、一定の産業基礎と相対的に人口が集中しているため、農民工が移転後に就業機会を得る可能性があり、あるいは自分で事業を始めることもできる。たとえば、小さなレストランあるいは小さな売店を経営するなどである。（二）住居と生活のコストがかなり低く、マンションを購入することが可能であり、物価が比較的安価である。（三）都市の公共サービスを受けることができる。特に質の良い教育を受けることができ、次の世代の成長に有益である。（四）農村の故郷からの距離が近く、親族と友達などの社会関係が多様で、互いに相互扶助が可能である。したがって、新世代の農民工、また都市に行きたがるが大都市で定住する能力がない農村人口にとって、一つの賢い選択であるかもしれないし、多くの新世代農民工の願望でもある。

第二節　山東省における農村社区化の新しい進展

新型農村社区は、新型城鎮化の発展に伴って、農村の住居空間の形態を再構築した歴史的産物であり、一種の重要な社会構造の変動でもある。農村社区化の基本内容は、もともと分散していた自然村落を、新型社区を建設することによって、比較的大きな居住地として集住させ、農村住民の住居の集住化を実現させることである。中国の南方の山地の省に比べると、山東省の人口密度はかなり高く、人口が一、〇〇〇人を超える大きな村が多く、社区化建設のために移転を必要とする村落がそれほど多くない。南方の山地省たとえば広西、貴州、浙江などの省では、山間の自然村落が分散し、人口が一〇〇人足らずの村も多く、社区化を推進するにはかなり困難かもしれない。

山東省政府が公布した「山東省城鎮化発展綱要（2012-2020）」において、新型農村社区をはじめて城鎮化の一種のモデルとして提示し、その目標を城鎮の基本的公共サービスを常駐人口にもれなく行き届かせることに置き、農民の「現地での城鎮化」を推進した。近年、山東省は新型農村社区の建設試験地区の範囲を絶えず拡大し、実践の中で多くの建設モデルを探索し、省独自の特色のある典型社区を秩序だって形成している。

一　新型農村社区を推進する意義

新型農村社区の建設を積極的に安定的に秩序だって進めることは、新型城鎮化を推進し、裕福な社会を全面的に構築することにとって、重要な意義がある。

近隣地での城鎮化の推進

山東省は総人口が大きく全国で第二位であり、四、六〇〇万人余が農村地区で生活している。城鎮化率を高めるには、より多くの農村人口を移転させる必要がある。山東省では八五パーセントの人口が省内で移動しており、他省にまたがる流動人口が少なく、現地での城鎮化、県域城鎮化の特徴が著しい。しかし、山東省における農村の空洞化は全国の多くの地域と同じく非常に深刻である。「農村空洞化」とは、主にわが国の工業化、城鎮化の進展に伴い、多くの農村青壮年労働力が都市に移転し出稼ぎあるいは商業に従事し、留守女性、留守老人、留守児童が農村に居残っている現象を指す。山東省の一般的な農村では、若者あるいは中年を見かけることが少なく、その多くが農村を離れ出稼ぎあるいは商業に従事し、農村に居残っているのは女性、老人と児童である。城鎮化の発展基礎にしたがい、新型農村社区の建設を加速させることは、農民が近隣地で移転することに有利であり、「農村空洞化」という難題を解決し、城鎮周辺の社区が城鎮へ集住し、山東省の新型城鎮化の進展を加速させる。

都市と農村の一体的発展の推進

都市農村一体化は、農村の遅れた容貌を変化させ、農村住民の生活の質を高める重要な目標である。新型農村社区建設は、農村建設用地、基礎施設、公共サービス施設などの多くの構成要素を促し、都市と農村の間に融合、調整利用させる過程である。農民の生産・生活様式を変え、都市をもって農村を発展させ、工業をもって農業を促進させ、都市と農村の二元構造を解決し、都市と農村の差を縮小させ、都市農村経済社会発展の一体化の形成を加速させる。新型農村社区と新農村建設が一連の基礎施設と公共サービス施設を同時に建設し、城鎮の公共サービスを農村の末端まで延伸させた。農村の居住条件、生活環境と公共サービス水準を根本から改善することができ、都市と農村の基本的な公共サービスの均等化を徐々に実現し、農民の生活水準を高めることができる。

土地利用の節約集約

人口密度が高く、人が多く土地が少ないというのが山東省の基本状況である。工業化と城鎮化の過程では、建設用地の需要が絶えず増加した。しかし、耕地を保護するという鉄則の下で建設用地がかなり不足した。そのため、農村社区化建設によって、農村の大量の宅地をもって建設用地と交換し、農村の空き地、使用効率の悪い土地を再生させ、農民を社区と中心村へ集中させ、産業を園区へ集中させる。用地の節約、区域の有効利用と諸要素の集約を実現し、農村と都市建設に空間をあけることができ、土地資源の乏しさを解決できる。

現代農業発展の推進

山東省は伝統的な農業大省であり、農業用水、農業用地が不足し、農村人口が多く、一人当たりの耕地面積が一・二一ムー（一ムー＝六・六七アール）しかない。土地の大規模経営が難しく、伝統的生産様式を変えがたい。城鎮化を加速させる過程では、多くの農村労働力が都市へ移行することに伴い、大量の「空心村」と耕作者がいないという現象が現れた。新型農村社区建設を推進することが、農村の土地をさらに節約して集約して利用することに有利であり、農業生産の大規模化と機械化を促すことができ、農業現代化水準を高めることができる。

農村社会の統治水準の高度化

城鎮化の過程において、一部の地域の伝統的村落が日に日に衰退し、農村のエリートが流出し、村落の出来事に対して無関心な現象が突出した。山東省の辺境地の小さな村では、村の幹部を選出することすらできずにいる。新型農村社区建設が、農村社会構造を変化させ、農村の末端政府と村人の自治組織を建設することを促し、末端社会統治の方式を新たに作りだし、農民の文化素質と末端管理水準を高め、農村社会の統治水準を高めるであろう。

二　山東省における農村社区化の発展の現状

農村の居住地区数の持続的減少と新型農村社区建設の全面的展開

山東省の工業化と都市化の快速発展に伴い、二〇〇五年に国家が社会主義新農村建設を提起してから、山東省は農村の危険家屋の改築と合わせて新型農村社区建設を全面的に展開しはじめた。一九九六年から二〇一三年までの間、山東省における都市建設区外の郷が一、〇二二郷から八九郷まで減少し、行政村の数が八・三万村から六・五万村になり、自然村の数が九・八万村から八・六万村まで減少した。郷村の住民地区が絶えず減少し、農民の住居が集住化する趨勢が形成されはじめた。一部の地方政府は「工業が園区へ集中し、農村が社区へ集中し、土地が篤農家へ集中する」という「三集中」のスローガンを提起した。二〇一三年末に至るまで、全省には新型農村社区が五、七九〇区建設され、そのうち、都市建設区以内には一、六三八区であり、それ以外で四、一五二区建設された。密度の分布からみれば、済南、枣庄、泰安、威海、莱芜、徳州などの市が比較的高く、青島、東営などの市が低い。

農村総人口に対する住居の分散

新農村建設と農村社区建設を推進する下で、二〇〇〇年から二〇一三年の間、農村戸籍の人口が六、八八〇万人から五、四八二万人まで減り、農村常駐人口が五、七八二万人から四、五〇二万人まで減少し、都市と農村に行き来している人口が一、〇〇〇万人程度を保っている。地理的には、西部が高く東部が低く、南部が多く北部が少ないという構成を示している。しかし、山東省においては、農村に居住している人口がまだ四六パーセントを占めている。社区建設が一定の成績を得ているが、集中して居住している人口の比例がまだ少ない。社区建設が早い地域ですら集住している比例が二〇パーセント程度であり、大部分の地域ではまだ一〇パーセント以下である。一部の新型社区がすでに建設されているにもかかわらず、農民がそこへ移転する意欲が低く、しかるべき効果を達成できていない。

産業の集中機能の出現と農村住民の収入増加の加速

多くの地域たとえば徳州市では、農村の産業園区と農村の居住社区の「両区同建（＝同時建設）」を提起して、新型農村社区建設と産業の連動発展を促進し、農民が居住地近くの産業園区で就業しやすくなり、農村産業の転換と向上を推進し、農民の収入を増加させた。二〇一三年の城鎮住民の一人当たり平均割当額が二八、六二四元であり、農村住民一人当たり平均収入が一〇、六二〇元であり、都市と農村の収入比が二・七対一となった。全国都市農村収入比の三・〇対一より低くなり、都市と農村の住民の収入格差を著しく縮めた。

農村の基礎施設の建設力の増大と生産・生活条件の改善

農村社区建設の過程では、基礎施設の建設に力を入れている。なぜなら新型社区建設は、基礎施設に新たな需要があるからで、たとえば電気、水道、道路、インターネット、ゴミ処理などに対してであり、伝統的村落に対してよりも更に高度な需要を示している。二〇一三年に、山東省の村落において、一人当たり平均道路面積は二七平方メートルであり、村落の集中供水率が九一パーセントを占め、生活ゴミを収集する拠点を所有する村落が七八パーセントを占めた。すでに建設した新型農村社区では集中供水が一〇〇パーセントであり、ガス提供を実現したのが四九・三パーセントであり、スチーム暖房の集中供給が二九・九パーセントを占め、インターネットの普及率が四八・六パーセントである。多くの伝統的村落になかった多くの設備、たとえばガス、スチーム暖房の供給が、農民に歓迎されている。

農村住民の居住環境の改善と基本的公共サービスの高度化

新型農村社区と新農村建設の過程において、省と各レベルの地方政府が生態文明郷村の建設と郷村文明行動を重視し、農村の環境景観を改善し、村落の景観の整備を促進した。五七・八パーセントの社区で汚水処理施設を建設し、社区ごとに平均してゴミ収集拠点を一一・五ヵ所整えた。義務教育を全面的に普及させた。文化的施設の配置が改善され、基本的に県には文化館、図書館を、郷鎮には文化拠点、村には文化所を備えるという目標を実現した。都市と農村の住民の基本医療保険、基本養老保険制度の成立の初期段階を実現した。

三　発展過程において存在している主要な問題点

新型農村社区の建設は一つの体系的な工程であり、多くの業種と部門に及ぶ。全体に及んだ企画が欠けるため、関連部門のつながりに問題があり、配置が十分に合理的にならず、資源配置の浪費が見られた。具体的に以下のことに現れている。

施設建設の低迷と都市と農村の公共資源の格差

ビル建設のスピードが速く、基礎施設と公共サービスをセットで建設する足並みを揃えられない。一部の新型農村社区の規模が小さく、セットでの建設は経済的ではない。

新型農村社区建設と産業発展の結合の不十分

ある地方では、農業以外の産業が発展しておらず、農民が集中して居住した後、生産と生活が不便になり、農民の生活コストが一定程度上がり、生活の満足度が下がった。

建設資金の不足と有効な資金投資の欠除

都市と農村の二元的公共財政の投入体制の影響を受けて、各レベルの財政投入は新型農村社区と新農村建設が必要とする資金を満足させることができずにいる。農村地域は優勢ではなく、社会資本に対して十分な魅力を示すことができない。金融部門は自身の経済的利益を考慮し、新型農村社区と新農村建設への投資に積極的ではない。税収改革後、農村集団経済の収入は減少し、それ自身で新型農村社区と新農村建設に投資する経済力を有していない。

総合的セット改革の措置と管理水準の低迷

戸籍、行政体制、土地管理、住居所有権、社会保障、集団資産処置などを標準化する必要がある。経済が農業以外の産業を主とし、人口が一定規模に達した新型農村社区においても、まだ城鎮化管理を導入しておらず、住民が都市市民の待遇を受けられずにいる。一部の社区が事務管理されておらず、環境景観が改善されるべき状況にある。

農民の意志の尊重の不十分性

一部の地域では、民衆の意見を十分に尊重しておらず、「マンションへ引っ越しさせられた」という現象が現れている。ある地域では建設の速度をむやみに追求し、工事の質が問題となっている。

伝統的村落の構成や景観に対する保護の不十分性

ある地域では、農民が居住条件と生活環境を改善しようと切実に願っているという偏った理解を示したため、「旧来のものを解体させ新しいものを新築する」、「旧来のものを捨て新しいものを建てる」時に、伝統的村落構成と歴史的景観に対する保護が十分に行われなかった。一部の新型農村社区と新農村建設の中で、自然景観、歴史文化、地形風貌などの要素への考慮が足らず、村落の特色を無視した。

集合型新型農村社区の行政管理での困難

「村改居（＝村の移転）」に対する阻止力が大きく、村人が、支援政策を受けられなくなること、政府による「村改居」後の社区人員の給料支払いと基礎施設建設を維持するための財政支出の負担が難しくなることを恐れている。集団所有資産の改革の進展が遅く、居民委員会の機能を発揮することに影響を及ぼしている。「村民委員会組織法」などの制約を受け、行政村が合併後、区画コードを変えることが難しく、城鎮化統計への算入ができない。

四　山東省における農村人口移転の特徴と趨勢

移転の特徴

山東省の農村人口の移転は、全国に比べると共通点がありつつ個性もある。主な特徴は以下の側面に現れている。

農村人口の移転が不完全である。基本的には農村労働力の移転であり、家族と子どもが共に移転したケースは三〇パーセント余である。農民工が都市で出稼ぎして得る賃金で、都市で住居を購入し家族を養うことができない。したがって、多くの農民工が若い時に大都市で出稼ぎし、年を取ると農村あるいは県城や小城鎮で定住することになる。

移転した労働力が選択できる職業の範囲は狭い。多くは力仕事を主とする簡単な労働に従事し、就業レベルは高くない。農村の若者の多くが、中卒あるいは中退して大都市へ出稼ぎに行くため、その多くが職業技能訓練を受けていない。

移転した労働力の学歴は一般的に農村に居残った労働力より高い。農村から移転した労働力の中で中卒、高卒が九二パーセントを占め、農村に居残った労働力の中で中卒、高卒が七八パーセントを占める。

労働力の移転は近隣地で移転することを主としている。二〇一二年末までに全省の農民工の数は二、三三〇万人に達した。その中で、郷以内で移転した農民工が一、三四七万人であり、五八パーセントを占める。郷外県以内に移転したのが三九七万人であり、一七パーセントを占める。県外省以内に移転したのが三九五万人で、一七パーセントを占める。省外に移転したのが一九一万人で、八パーセントを占めている。

労働力の移転ルートは自発性と市場化の特徴をもつ。山東省が組織的に労働力を移転させることは少なく、多くは個人で城鎮の労働市場で仕事を探し、あるいは、城鎮で働き、そこで生活している親族、知人が就業情報を提供することに頼っている。

農村での権益を手放したくないことと、都市消費水準の高さと収入の低さの差が、山東省における農村人口の移転を妨げている重要な原因である。関連調査によれば、都市に行きたがらない人口の中で、農村での土地の使用権を手放したくないのが四七・八パーセントを占め、農村の集団所有の収益配分を手放したくないのが四一・七パーセントを占め、都市生活の消費が高すぎると考えているのが三五・三パーセントであり、都市での出稼ぎと地元での就業の収入差が低いと考えているのが三〇・二パーセントを占めている。

移転の趨勢

近隣地での城鎮化は、山東省の農村人口移転の主要な特徴であり、これからも一定期間、このような人口移転を継続する趨勢を示している。

県（市）と重点鎮は、農村人口を収容する主要な担い手である。現在、多くの若者が大中都市で出稼ぎしているけれども、彼らの賃金収入では都市で住居を購入することができないため、大中都市に溶け込むことが難しい。しかし、彼らは農村に戻って生活することにも躊躇する。したがって、多くの農民工が一定の資金を貯蓄したのち、県城あるいは小城鎮で住居を購入する。これからの県城と重点鎮は、農村人口を吸収する主要な担い手となる可能性が高い。このことからすれば、県レベルの都市と行政鎮の基礎施設をさらに改善する必要があり、公共サービスの施設の建設と農村人口を城鎮へ集中することを促し、新型城鎮化を推進することが重要な意義をもつ。

新型農村社区の集中は、農村人口の集住化の必然的なやり方であり、兼業は農民の収入を上げる重要な道である。農村人口の絶え間ない移転により、多くの村落の規模が絶えず縮小したため、人口を再集住させ、村落を合併させる

表2-3　山東省における農村人口発展に関する予測

指標		2013年	2017年	2020年	2030年
戸籍人口	全省戸籍人口（万人）	9,612	9,900	10,100	10,150
	戸籍人口都市化率（%）	42.97	48.1	52	63
	農村戸籍人口（万人）	5,482	5,140	4,850	3,750
	農村戸籍年間減少数（万人）	——	85.9	96.7	109.3
常住人口	全省常住人口（万人）	9,733.4	10,100	10,300	10,600
	常住人口都市化率（%）	53.75	58.6	62	72
	農村常住人口（万人）	4,502	4,180	3,915	2,970
	農村常住年間減少数（万人）	——	87.3	89.1	94.6

ことが必然的な流れとなっている。一人当たりの耕地面積が増えたことで大規模化した農業現代化が実現可能になり、農業以外の産業の発展をも促し、農村における非農産業のルートを拡大し、農村住民の収入水準を高めている。

農村における人口縮小の予測

「山東省城鎮体系企画（2011-2030）」、「山東省新型城鎮化企画」および関連研究に結びつけて農村戸籍人口を予測すれば、二〇一七年に約五、一四〇万人になり、二〇二〇年には約四、八五〇万人、二〇三〇年には三、七五〇万人になるだろう。農村常駐人口が二〇一七年には約四、一八〇万人になり、二〇二〇年には約三、九一五万人、二〇三〇年には約二、九七〇万人になるだろう。

第三節　山東省における新型農村社区建設のモデル

「山東省新型農村社区と新農村発展企画（2014-2030）」が提起した基準にしたがえば、山東省農村社区化建設は、二つの類型化によって導かなければならない。このことは、山東省新型農村社区建設の規範化、科学化、合理化に有益である。

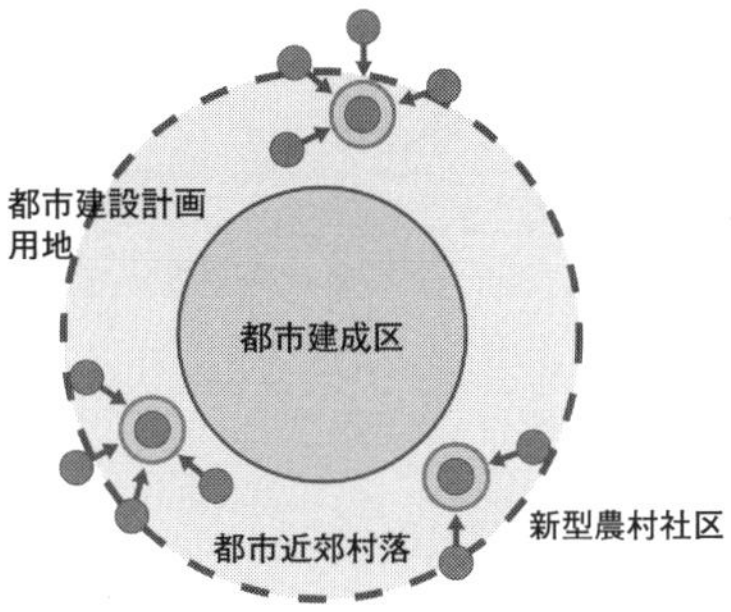

図2−1　都市集合型社区

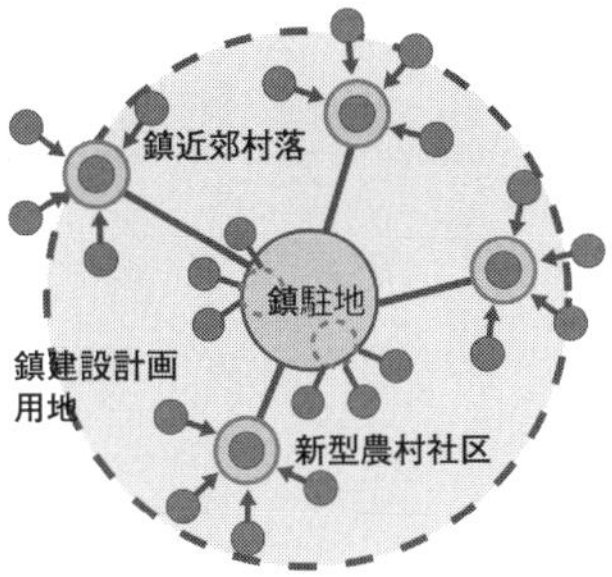

図2−2　小城鎮集合型社区

一　新型農村社区建設の類型モデル

都市集合型社区と小城鎮集合型社区という二つの類型に分けられる。

城鎮集合型社区

（一）都市集合型社区

都市集合型社区とは、都市の建成区周辺に位置し、将来的に都市範囲に入る予定の村落と合併して建設された新型社区を指す。その建設と位置の選別はともに都市全体の企画にしたがうべきであり、都市の居住区域の範囲内で位置を選択すべきである。基礎施設と公共サービス施設は、都市住宅地の標準で建設すべきであり、都市現有の資源と都市関連企画と結びつけて建設すべきである。

（二）小城鎮集合型社区

小城鎮集合型社区とは、鎮街地の村および二キロメートル範囲内の村を、鎮街で改造した村落と合併させ、集中して建設している新型社区を指す。その位置の選択は鎮全体の企画にしたがい、設備の整った社区サービスセンターを建設すべきである。

村落集中型社区

この類型には村の企業と連結して建設する社区、強い村が弱い村を率いる型の社区、多村合併型社区、移転安置型社区と村落直接改造型社区からなる五つの類型を含む。

(一) 村と企業を連結して建設する社区

村の周辺に社区建設を率いることのできる工業区、農業龍頭企業、農業経済合作組織あるいは観光開発企業があり、村落と企業を合わせて人口が三、〇〇〇人以上、農業外就業が七〇パーセントを占める新型社区を指す。

(二) 強い村が率いる型の社区

強い村落へ集住する型の社区を指す。多くの村がその中で地理的位置が優勢であり、規模が比較的大きく、経済的実力も強い村を選んで合併し、強い村をもって周辺の弱い村を率いて建設する新型農村社区である。

(三) 多村合併型社区

交通が便利であり、用地が充足しており、多くの村の境地に建設した新型農村社区を指す。

(四) 移転安置型社区

もとの村が、鉱産資源がある地域、景観区、水源地保護区、黄河沿岸、ダム区、辺鄙な山村、地質上災害多発地域などの居住に適しない地域に位置しているため、その村を安全な地域に移転させると企画し、そのために建設された新型農村社区を指す。

(五) 村落直接改造型社区

この類型の社区は、村落の規模が大きく、しかもその周辺に合併可能な小さな村落あるいは合併に適した村落がないため、村落それ自身を改造して建設した新型農村社区を指す。

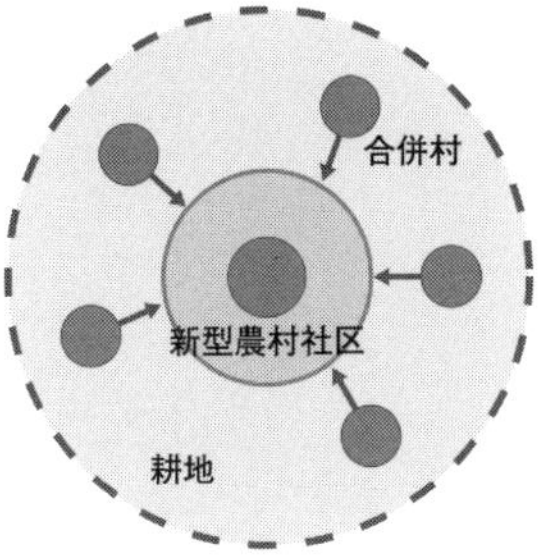

図2-4　強村が率いる社区

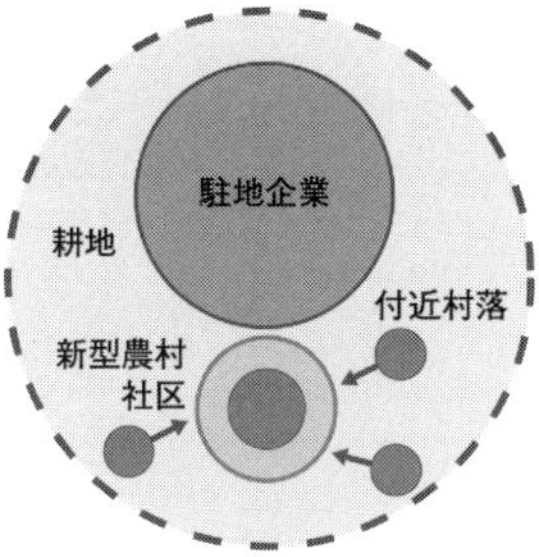

図2-3　村と企業を連結して建設する社区

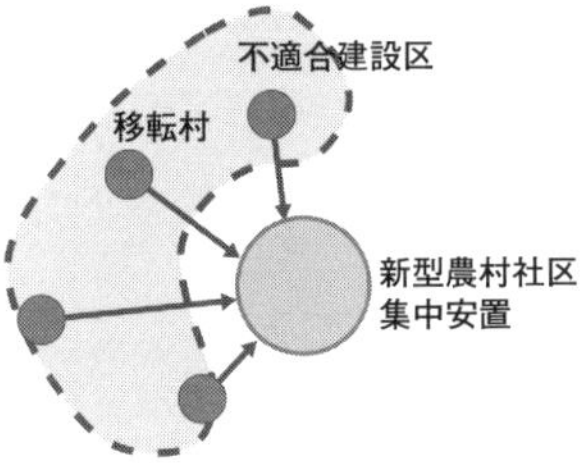

図2-6　移転安置型社区

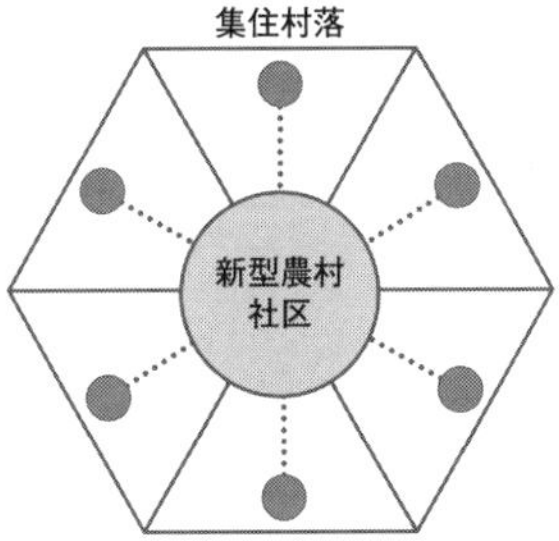

図2-5　多村合併型社区

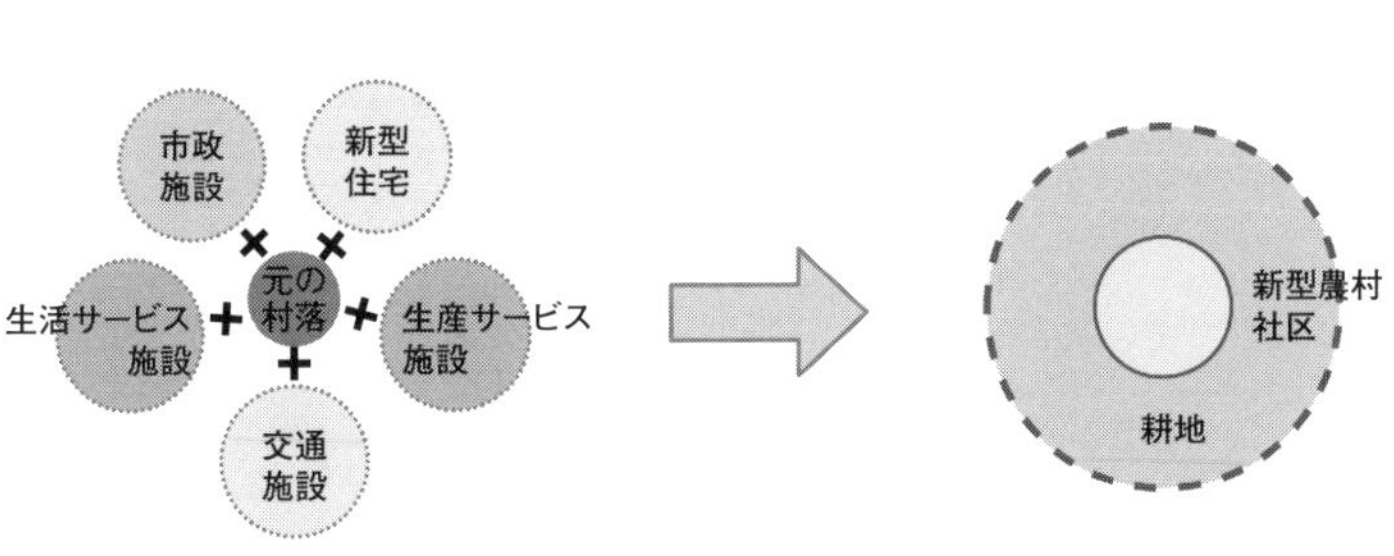

図2-7　村落直接改造型社区

二　新型農村社区と新農村の適切な規模

山東省における新型農村社区と新農村建設についての企画の基準によれば、城鎮集合型社区は、一般的に五、〇〇〇人以上に達するべきであり、村落集合型社区は、平原、丘陵、山地などの地形によって、一般的に三、〇〇〇人を割るべきではない。新農村、中心村は、率いることができる関連村の末端村の人口を含めて規模が三、〇〇〇人程度であり、人口の密度が低い地区は一般的に一、五〇〇人以上に達するべきである。中心村のサービスは半径二キロメートル以内に設定すべきであり、村落の人口密度がきわめて低い場合でも三キロメートル以内に設定すべきである。

三　新型農村社区と村落の保留数の数量に関する予測

全体数量の予測

省民政庁が行った全省一七の市における農村社区建設および企画状況に関する調査によると、全省では一二、八一八区の農村社区を建設すると企画した。「山東省城鎮体系企画（2011-2030）」は、二〇三〇年時点では全省において七、〇〇〇区程度の新型農村社区を形成すると予測している。その上、農村戸籍人口の変化趨勢に結びつけて、基本的公共サービス圏のサービス半径を検討し、新型農村社区と新農村全体をもれなく覆うという基準によって、全省で七、〇〇〇区程度の新型農村社区を建設することを確実にし、三万村の村落（五、〇〇〇村の中心村と二・五万村の末端村）を保留すると企画している。

表2-4　新型農村社区類型の数量予測

類型		村数	村落	居住人口
新型農村社区	都市集合型	3,000	1.4万村前後が都市と小城鎮に入る	約1,400万
	村落集合型	4,000	2.1万村前後が集住して新型農村社区になる	約1,800万
新農村	中心村	5,000	約３万村が留まる	約2,300万
	基層村	25,000		

類型の数量予測

（一）都市集合型社区。上記の企画では、二〇三〇年時点での全省の都市建設用地の面積を約一六、七〇〇平方キロメートル以内に抑えると予測している。社区サービスを半径二キロメートルと計算すれば、二〇三〇年の都市集合型社区は約九〇〇区となり、集住都市人口が約七〇〇万人になり、城鎮化の進展に七パーセント貢献する。

（二）小城鎮集合型社区。企画では、二〇三〇年時点での全省小城鎮人口が一、六八〇万人となって三八三万人増加し、城鎮化の進展に四パーセント貢献すると予測している。郷鎮合併と都市へ吸収するなどの要因を考慮すれば、小城鎮ごとの建設区の面積は平均四平方キロメートルに達する。建成区から二キロメートル以内の村落は小城鎮に吸収するが、小城鎮集合型社区の地域面積は二・七万平方キロメートル程度になり、サービス半径を二キロメートルで計算すれば小城鎮集合型社区は二、一〇〇区になる。

（三）村落集中型社区。各市の基礎現状および報告データによれば、二〇三〇年時点での集中型社区が約四、〇〇〇区になると予測している。

（四）新農村。二〇三〇年時点での中心村が約五、〇〇〇区になり、末端村が二五、〇〇〇区になると予測している。上述をまとめると、期末に全省で七、〇〇〇区程度の新型農村社区と三万区ほどの新農村が形成されると予測している。

表2-5　新型農村社区の各発展期における数量予測

（単位：個）

社区類型		2013年	2017年	2020年	2030年
新型農村社区	都市集合型	1,831 (1,193)	2,500 (1,600)	3,000 (2,000)	3,000 (3,000)
	村落集合型	2,321	2,700	3,000	4,000
	小計	2,959 (1,193)	3,600 (1,600)	4,000 (2,000)	4,000 (3,000)
中心村		8,210	6,800	6,000	5,000

注：カッコ内の数値は市街地における新型農村社区の内数である。

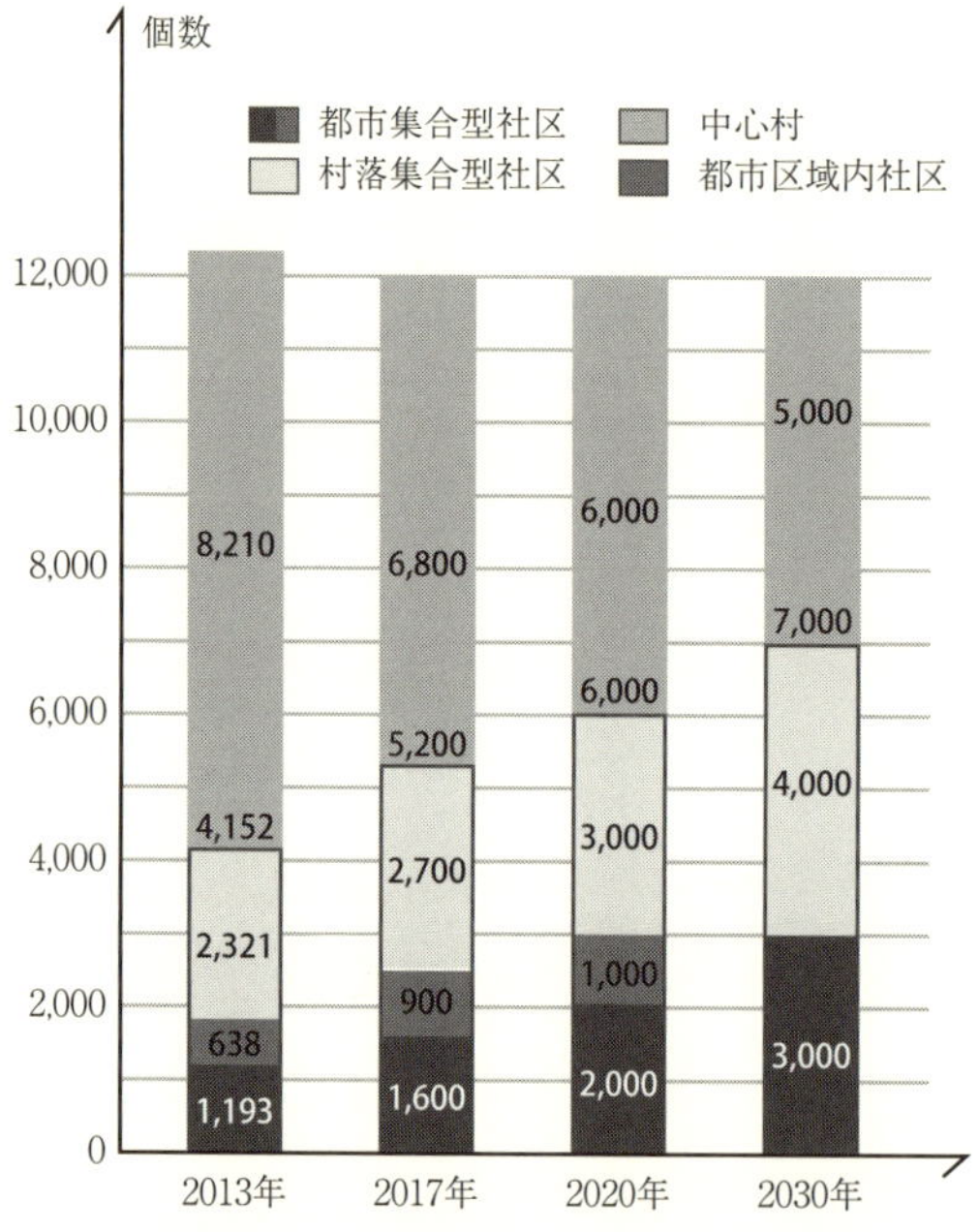

図2-8　新型農村社区の数量予測

各発展期における数量予測

近年（二〇一四～一七）、新型農村社区一、〇四八区が新しく建設されるだろう。二〇一七年になると、二、五〇〇区の城鎮集合型社区、二、七〇〇区の村落集中型社区、六、八〇〇村の中心村が形成されるだろう。そのうち、約一、六〇〇区の新型農村社区が城鎮化の管理下に置かれるだろう。中期（二〇一八～二〇二〇）に新築する新型農村社区は八〇〇区であり、二〇二〇年時点になると、三、〇〇〇区の城鎮集合型社区、三、〇〇〇区の村落集中型社区、六、〇〇〇村の中心村が新たに建設されるだろう。そのうち、約二、〇〇〇区の新型農村社区が城鎮化の管理化に置かれるだろう。

遠い期間（二〇一一〜二〇三〇年）に新たに建設される新型農村社区は一、〇〇〇区になるだろう。二〇三〇年時点になると、三、〇〇〇区の城鎮集合型社区、四、〇〇〇区の村落集中型社区、五、〇〇〇村の中心村が建設されるだろう。そのうち、約三、〇〇〇区の新型農村社区が城鎮化の管理化に置かれるだろう。

【注】

（1）王媛媛、「山東省の城鎮化率が今年五〇パーセントを超えるであろう」、http://www.sd.xinhuanet.com/news/2011-12/24/content_24404311.htm。

（2）大衆日報、「山東省石炭の消耗が五年間で二、〇〇〇万トン削減」、二〇一三年六月一七日。

（3）魏后凱、「将来五〜一〇年は中国が郷村型社会から都市型社会へ転換する要となる時期である」『中国産経新聞報』、二〇一三年一月二三日。

第三章

平陰県の概況

高 暁梅（第一節）・何 淑珍（第二節）・徳川 直人（第三節）・徐 光平（第四節）

平陰県錦水街道中土楼村の高層住宅。ここは県で最初に建設を始めた新型農村社区で、旧村の住居を解体した跡地に社区を建設した。（2015年３月18日撮影）

第一節　平陰県の地理・人口・産業

平陰県は古東原（東平）の陰に位置していた。名称が初めて現れるのは『左伝』においてである。地理的に古東原の北部山脈の北に位置し、古済水の南なので得た名前である。平陰は、春秋時代には魯の地に属し、戦国時代には斉邑に属し、秦の時代には済北郡に属していた。漢の時代に泰山郡に属し、三国時代に魏の国の袞州刺史部に属していた。両晋の時に済北国に属し、南北朝の劉宋の時済北郡に管轄されていた。平陰県が設立されたのが隋の大業二（六〇八）年であり、今から一、四〇〇年余の歴史をもつ。

平陰県は済南市の管轄下に置かれている県レベルの行政機関であり、行政区分は幾度かの調整を経て、現在は六鎮すなわち東阿鎮、孝直鎮、孔村鎮、洪範池鎮、玫瑰鎮、安城鎮と、二街道すなわち錦水街道、楡山街道と、三四六村の行政村を管轄している。

一　平陰県の地理的特徴

平陰県は東経一一六度一二分から一一六度二七分、北緯三六度一分から三六度二三分であり、山東省の中西部に位置しており、山東省の省都済南市の管轄下の市郊外県であり、済南市から六〇キロメートルの距離にある。肥城、東平、東阿、長清などの県（市）と接している。東に泰山、西に黄河があり、山東省の「一山一水一聖人」という観光ルート上の中心に位置している。ここの景観は美しく、名勝古跡が多く、バラ園、翠屏山、雲翠山、大寨山、洪範泉群、於林、胡庄キリスト教聖堂などの観光名所があり、内外に名の知られた「バラの里」、「阿胶の里」であり、旅行観光、名所訪問によい場所である。平陰県は泰山山脈が西へ延びて魯西平原を横切った地帯に位置しており、地勢は南が高く北が低い。中部が隆起した低い丘陵地区で、典型的な山区県であり、地形地貌は「六山三浜一平原」といわれる。

平陰県の総面積は八二七平方キロメートルであり、その中で山地丘陵面積が五一五・一六平方キロメートルである。山地面積は総面積の三〇・八パーセントを占め、丘陵面積が総面積の三三・三パーセントを占め、平原が総面積の二四パーセントを占め、窪地が総面積の一一・九パーセントを占めている。域内は黄河沿岸と東部の河岸域が平原であり、局地が窪地であるのをのぞけば、ほかは皆低山丘陵地帯である。高度は一般的に海抜一〇〇～二五〇メートルであり、もっとも高い場所は海抜四九四・八メートルで、もっとも低い地点が海抜三五・五メートルである。このように本県は丘陵地帯を主とし、平原、窪地が次ぐ地形分布の特徴を示している。

二　平陰県の人口構造

年齢構造

二〇一三年末時点での平陰県の総人口は三七・三万人である。そのうち市街地の人口が一一・七万人、鎮政府所在地人口が六・三万人、所在地以外の農村人口が一九・三万人であり、城鎮化率は四九・五パーセントで、済南市より一六・五パーセント低い。

性別構造からみると、一九八八年の男女性別比は一〇二・〇〇対一〇〇であり、一九九〇年には一〇二・九九対一〇〇になり、一九九五年に一〇一・七二対一〇〇、二〇〇三年には一〇〇・四七対一〇〇、二〇一三年には一〇〇・五〇対一〇〇となり、性別比が徐々に平衡になってきた。

年齢構造からみると、一九九〇年の全国第四回人口調査の時、平陰県の〇～一四歳では男性が女性より多く、一五～四四歳では女性が男性より多く、四五～五四歳では男性が女性より多く、五五歳以上では女性が男性より多かった。二〇〇〇年の全国第五回人口調査の統計によれば、平陰県の〇～一九歳では男性が女性より多く、二〇～二四歳では女性が男性より多く、二五～二九歳では男性が女性より多く、三〇～五九歳では女性が男性より多く、六〇～六四歳では男性が女性より多く、六五歳以上では女性が男性より多い。比較してみれば、年齢が高ければ高いほど男性人口の占める割合が少なくなる。一九九〇年統計によると七〇歳以上の男性が六、五〇七人、女性が八、七七一人、八〇歳以上の男性が一、一七八人、女性が二、一七一人であり、九〇歳以上の男性が二八人、女性が一〇三人であり、一〇〇歳以上の女性が一人である。二〇〇〇年の統計をみると、七〇歳以上の男性が八、五二七人、女性が一一、七一八人、八〇歳以上の男性が一、六五八人、女性が三、〇六三人、九〇歳以上の男性が八九人、女性が二八五人、一〇〇歳以上の男性が一人、女性が二人である。

一九九〇年に一四歳以下の少年児童は全県総人口の二五・九〇パーセントを占め、二〇〇〇年に二一・八四パーセントを占めた。一九九〇年に一五～六四歳の人口は総人口の六六・九三パーセント、二〇〇〇年に六九・〇五パーセントを占めるようになった。一九九〇年に六五歳以上の老人は総人口の七・一七パーセントだったのが、二〇〇〇年に九・一一パーセントを占めるようになった。一九九〇年に全県人口の中で中年が占める割合は二六・三七パーセントだったのが、二〇〇〇年に三三・二六パーセントになり、総人口はすでに一九九〇年の「青年型」から「中年型」になった。

文化構造

一九九〇年の全国第四回人口調査によれば、平陰県の六歳以上の人口は三二五、九一五人であり、そのうち四年制大学卒業者三二三人、短期大学卒業者一、五九八人、専門学校卒業者四、六二三人、高卒者一八、四四五人、小卒者一三五、三七九人、非識字者・半識字者六二、八六二人である。一、〇〇〇人のうち四年制大卒者が〇・九人、短大卒者が四・三人、専門学校卒者が一二・五人、高校卒者が四九・九人、中卒者が二七七・七人、小学校卒者が三六六・一人である。一五歳以上の中で半識字者が同年齢の人口総数の二一・八パーセントを占め、総人口の一六・一パーセントを占めている。非識字者・半識字者人口のうち、男性が三〇・〇パーセントを占め、女性が七〇・〇パーセントを占めている。男性人口のうち、非識字者が九・六パーセントであり、女性人口のうち非識字者が二二・六パーセントである。一五〜二四歳の人口のうち、非識字者・半識字者が八一八人であり、同年齢人口総数の一・一パーセントを占めており、二五〜四九歳の人口のうち非識字者・半識字者が一一、七〇六人であり、同年齢人口総数の八・九パーセントを占めている。五〇歳以上の人口のうち、非識字者・半識字者が四七、一〇〇人であり、同年齢人口総数の六七・四パーセントを占めている。

二〇〇〇年の全国第五回人口調査によれば、平陰県の六歳以上人口数が三二二、八〇八人であり、そのうち修士修了者一一人、大学卒業者一、八五〇人、短大卒業者六、八六〇人、専門学校卒業者一二、二六四人、高卒者二三、九四〇人、中卒者一三七、一九八人、小卒者一〇〇、九六〇人、非識字者・半識字者三九、七二五人である。一、〇〇〇人のうち、修士修了者が〇・一人、大卒者が五・四人、短大卒者が一九・一人、専門学校者が三五・六人、高卒者が六九・五人、中卒者が三九八・四人、小学校者が二九三・二人である。一五歳以上のうち、非識字者が同年齢人口総数の一三・二五パーセントを占め、総人口の一〇・三パーセントを占めている。非識字者のうち、男性が二三・七パーセント、女性が七六・三パーセントを占めている。男性人口のうち、非識字者率が四・九パーセントであり、女性人口のうち非識字者率が一五・六パーセントである。一五〜二四歳人口のうち、非識字者が二一四人であり、同年齢人口総数の〇・六パーセントを占めており、二五〜四九歳人口のうち非識字者が四、五四六人であり、同年齢人口総数の三・一パーセントを占めている。五〇歳以上の人口のうち、非識字者が三〇、六三八人であり、同年齢人口総数の三七・五パーセントを占めており、人口の学歴が大幅に高くなっている。

名字構造

二〇〇三年末までの平陰県における名字の総数は二九八姓である。そのうち、人口が一、〇〇〇人以上の名字が三二姓であり、名字全体の一〇・七パーセントを占める。一、〇〇〇人以下の名字が二六六姓であり、名字総数の八九・三パーセントを占める。人口の多い順（人口が一、〇〇〇人以上の名字のみを数える）から並べると以下のようになる。すなわち、張三九、九五三人、王二七、二八九人、劉二六、二八二人、李二三、八三二人、趙一七、五二六人、孫一三、〇二〇人、陳一一、六一四人、周八、五〇六人、高七、六一四人、于七、一九五人、郭七、一二五人、董四、九四八人、馬四、七七四人、宋四、六五一人、孔四、二四四人、韓四、〇〇六人、展三、三九四人、蘇三、〇六四人、孟二、九〇六人、常二、二九二人、田二、一九〇人、侯二、〇六二人、曹一、八五一人、呉一、八三一人、崔一、八〇〇人、馮一、七六四人、葛一、七六四人、程一、四九四人、梁一、三二五人、廉一、二三六人、畢一、一〇人、柳一、〇一九人である。二九八姓の名字のうち、一字の名字が二九七姓であり、九九・七パーセントを占め、複数字の名字が一つであり、〇・三パーセントを占める。

民族構造

一九九〇年の全国第四回人口調査によれば、平陰県には一一の民族が存在する。総人口は三六九、七八九人である。そのうち、漢族が三六九、六二八人であり、総人口の九九・九パーセントを占める。少数民族は一六一人であり、総人口の〇・一パーセントである。

二〇〇〇年の全国第五回人口調査によれば、全県に二三の民族が存在する。総人口が三四四、三八六人である。そのうち、漢族が三四三、七三六人であり、総人口の九九・八パーセントを占める。少数民族は六四〇人であり、総人口の〇・二パーセントを占める。

二〇〇三年の県公安局戸籍政策課の統計データによれば、全県には合計一八の民族が存在する。総人口が三六三、〇五一人である。そのうち、漢族が三六二、八一三人であり、総人口の九九・九パーセントを占める。少数民族は二三八人、総人口の〇・一パーセントを占める。

三　経済の安定発展

一九七八年を節目として、平陰県の経済は快速に発展した。一九七八年、全県の生産総額はわずか〇・八九億元であり、一人当たり平均生産総額が二五六元だった。二〇〇七年の全県生産総額が一〇〇億元を突破して、一〇八・六億元となり、一人当たり平均二・九五万元となった。二〇一三年に全県の生産総額は一九一・四九億元となり、一人当たり五・一五万元となった。地方財政収入は一九七八年の一、一二九元から二〇一三年の一一・七万元となり、一〇〇倍以上増加した。産業構造もたえず調整され優良化し、第一次、第二次、第三次産業間の比率は、改革開放初期の四三・一対三五・五対二一・四から一五・三対五五・四対二九・三となった。そのうち、第一次産業の増加額は二九・二七億元であり、四・三パーセント増加した。経済成長への貢献率は一二・四パーセントであり、GDPを〇・五パーセント増加させた。第二次産業の増加額は一〇六・一一億元であり、一三・四パーセント増加した。経済発展への貢献率は五六・七パーセントであり、GDPを八・九パーセント増加させた。第三次産業の増加額は五六・一一億元であり、一一・五パーセント増加した。経済成長への貢献率は三〇・九パーセントであり、GDPを二・五パーセント増加させた。

農業生産の安定

農業生産は基本的に安定しており、農村全体の環境はたえず改善されている。平陰県の土地面積は七八、〇〇〇ヘクタールであり、畑作が三四、四〇〇ヘクタールである。長年耕作している穀物は小麦、大麦、トウモロコシ、高梁、紫芋、大豆、緑豆、粟、落花生などの一六種類である。二〇一三年の全県農作物の栽培面積は五二、八四七ヘクタールであり、食糧生産量が改革開放以前の一一・四万トンから一九・七万トンとなり、肉類生産量は四・六七万トンである。農作物栽培時の耕地の耕起、播種、収穫時の機械使用率はそれぞれ九六・五パーセント、九五・一パーセント、九〇・七パーセントである。全県における大規模農業龍頭企業は八五社にまで発展し、農業合作社は四三九社になり、無公害製造業は一〇一社になり、有機製造業は二四社、有機農業は一〇社、農産物地理標識は三社となった。全県におけるバラの栽培面積は一、四八九ヘクタールであり、八・九パーセント増加した。生産量は一、五四八トンとなり、八・六パーセント増加した。果物の栽培面積は九、一七二ヘクタールであり、生産量は一三・四七万トンであり、六・二パーセント増加した。野菜栽培面積は八、三〇二ヘクタールであり、三・一パーセント増加した。生産量は六〇・六六万トンであり、五・四パーセント増加した。

工業の実力の増強

平陰県では瑪鋼、黄河特鋼を龍頭企業として機械設備産業が形成され、山水セメント、丞華建材を龍頭企業としたセメント建材産業、福胶集団、斉発薬業、魯西化学肥料を龍頭企業とした医薬化学工業産業、天源バラ、伊利乳業を龍頭企業とした食品加工産業が形成された。四大産業の枠組みがはっきりし、県域工業の中で占める比重が徐々に増加している。管轄内の孔村鎮は全国最大の炭素製品生産基地であり、「中国炭素工業第一鎮」の称号を有している。二〇一三年に全県の一七四社の大規模工業企業が主要営業収入二六〇・二九億元を実現し、利潤は三一・七四億元になり、納税四二・九二億元であり、前年よりそれぞれ一六・九パーセント、一六・二パーセント、一五・九パーセント増加した。大規模工業の増加額は七二・六九億元に達し、前年より一四・九パーセント増加した。大規模ハイテク技術産業の企業は三七社あり、生産額九一・五五億元を実現し、一七・三三パーセント増加した。大規模工業生産額の三五・一パーセントを占めている。

投資規模の拡大

二〇一三年に平陰県の社会固定資産投資は一六一・五三億元であり、二一・〇パーセント増加した。そのうち、第一次産業の投資は一〇・三〇億元であり、一二・三パーセント増加した。第二次産業への投資は七七・五八億元であり、九・二パーセント増加した。第三次産業の投資は七三・六五億元であり、三八・二パーセント増加した。そのうち、工業投資七七・二八億元を完成させ、九・一パーセント増加し、技術改善プロジェクト投資六一・九〇億元であり、二九・七パーセント増加した。不動産開発、観光、商業・投資誘致、輸出外貨獲得などは、まったく存在しない状態から成立して快速発展した。バラ園、翠屏山、聖母山農業観光園、故庄教会、龍池公園、雲翠山などの景観開発および推進に伴い、平陰県の知名度が高くなり、「済南市の裏花園」となっている。二〇一三年に全県が実現した社会消費小売額は七七・〇七億元であり、一三・八パーセント増加した。輸出による外貨獲得は五三、〇七九万ドルになり、五・九パーセント増加した。実際の外貨利用は一、四九七・五万ドルになり、二四・〇パーセント増加した。

地方特色のある産業の形成

平陰県は自らの地理的特色と基礎力を結びつけて、特色のある産業を形成した。その一つがバラ産業である。平陰県はバラ栽培に優れており、全国のバラの主要産地の一つである。バラは平陰県の特産品であり、一、三〇〇年余の栽培歴史がある。平陰のバラは初めて国家の原産地保護を獲得した花卉類の農産物であり、平陰重瓣赤バラは中国の伝統バラの代表であり、国家が唯一認可した食用バラである。バラの花は、適応力が強く、管理しやすく、旱魃に強いなどの特徴があり、山地栽培に適しているため、地方政府が財政利息補助ローンあるいは苗補助などの方法を採用して、積極的にバラの栽培を促している。それと同時に、積極的にバラの龍頭企業を育成し、これまで天源、恵民などを龍頭としたバラ産業の企業群を形成した。それに加え、収益が高いため、近年バラ栽培の面積がたえず拡大し、五万ムー（一ムー＝六・六七アール）に達した。バラが平陰県の伝統的特色産業になり、農民はバラ産業の連鎖のなかで収入を増やし裕福になっている。

二つ目は、阿胶産業である。阿胶は、中薬人参、鹿茸と並んで漢方三宝の一つとされ、薬典に記載されている阿胶はすべてがここで生産されている。阿胶は二、五〇〇年前、東阿鎮で誕生し、東阿鎮が「中国阿胶の里」と命名された。福という商標の阿胶が「中華老舗」として認定された。

三つ目は、林業・果樹産業である。平陰県は、棚田と堰敷が多いという地域の実情とリンゴ、ナツメ、クルミ、柿などの資源が豊富だという有利性を発揮して、積極的に山地林業・果樹業を発展させた。それと同時に、各種の栽培構造の調整に力をいれ、新しい品種を導入して農民の収入を増やした。それだけではなく、植林を通して山麓を緑化し、植生を修復し、水土流失を防ぎ、生態環境を改善して経済発展と環境改善の有機的統一を実現した。

四つ目は、食用菌茸産業である。平陰県孔村などの西部山区は典型的純山区であり、山が高く谷が深く、土地が分散していて、水資源が乏しい。かつてこの地域は基本的に経済基礎が薄弱で、産業が単一だった。近年、平陰県は実情に基づき、積極的に節水や節地ができ、周期が短く、効果が速く、収益が高い食用菌茸産業を推し進めた。食用菌茸の土洞窟とハウスなどの栽培モデルを推し進め、「玫香山里人」商標の無公害鶏腿茹を認証し、鶏腿茹を主として、平茹、双孢茹などを補助として、多種類の生産方式を結合させた周年生産モデルを形成して、全国の手羽形菌茸を季節問わず生産できる第一の大県になった。

五つ目は、観光産業である。平陰県内には聖母山、翠屏山、大寨山、雲翠山などを代表とした山川地理景観と全国三大キリスト教聖地の一つである胡庄聖堂などの歴史文化古跡があり、経済発展の過程の中で、平陰県が地元の観光資源を発掘開発することを重視し、胡庄キリスト教聖堂文化観光区、天池湖釣り場、浪渓河観光、龍池街道などの一連の工事を開発建設し、名山、名泉、名人の「山-泉-人」という観光ルートを形成した。

四　基本施設の絶え間ない改善

都市と農村の基礎施設は不断に改善されている。村に通じる道路の建設率が九九パーセントになり、全県の枝分かれの道が相互につながり、都市と農村の交通ネットワークが初歩的に形成された。二〇一三年末、自動車道路開通距離が一、二二一・一キロメートルとなり、年末自動車の保有量は四一、八八〇台（三輪車を含まない）となった。そのうち、小型自動車が三一、〇八二台である。県城建成区の面積は一七平方キロメートルになり、都市道路の長さと面積はそれぞれ七八・一キロメートルと二〇一万平方メートルになった。インターネットの普及も進み、企業情報化および電子ビジネスの進展が加速した。東新区文化展示センターの本体の工事が完成し、一一〇番指揮センター、検察院技術室、錦東幼稚園が稼働しはじめた。雲翠新区実験学校が建設を終えて使用を開始し、全民健康センター、漢方病院の移転プロジェクトの本体が完工した。中心城区の環秀広場が改造した。府前街の西側を完成させ、黄河路の南部分を改造し、翠屏街を西へ延伸する工程と青龍路を北へ延長する工程を実施し、済菏高速の応急分流道路と青藍高速の平陰県部分の前期工程の進展が順調である。

都市総合担当能力が高くなりつつある。二〇一三年にガス管で供給する天然ガスの供給量は七、二四九万立方メートルであり、プロパンガス供給量は五〇二トンであり、天然ガスと石炭ガスを使用している人口は九万人になった。集中的に暖房供給をしている面積は二二六万平方メートルになり、一年間の水道水供給量は六〇〇万トンだった。都市住民の生活用電気は一・四七億キロワットであり、前年より一〇・六パーセント増加した。

五　公共事業の迅速発展

教育資源が有効な調整を受け、教員人材をたえず拡大させ高めた。現在、全県では三、五五二人の教職員がいる。そのうち、専任教師は二、九七八人である。各種学校の在校生は四〇、七八四人であり、前年より一・八パーセント減少した。そのうち、普通高校の在校生は六、六二一人で前年より〇・九パーセント減り、職業高校の在校生は二、九八六人で前年より一五・五パーセント増えた。中学校の在校生は一一、七二七人であり、前年より三・五パーセント減少した。全県で九年制義務教育を実施し、就学困難という問題が根本的に解決された。適齢児童の入学率は一〇〇パーセントである。

医療サービスの水準が高くなっている。全県には医療機構が七五（病院九）あり、医療機構が所有する患者用ベッドは一、五五二床であり、前年より一四・五パーセント増えた。各種医療技術人員は一、六八二人であり、前年より二三・〇パーセント増えている。全県では一万人当たりの医療技術人員は四五・三人であり、一万人当たり所有する患者用ベッドは四一・八床であり、前年より五・三床増えた。

文化事業も活発である。二〇一三年末に文化館、文化宮、博物館、図書館はそれぞれ一ヵ所あり、図書館の蔵書総量は三万冊余である。放送人員の網羅率とテレビ人口の網羅率は両方とも九九パーセントに達している。

六　生態環境の著しい改善

森林地域の被覆率は三七・五パーセントである。二〇一三年末に県城が建設した煙と埃の制御区の面積が累計一五・四平方キロメートルになり、煙制御区のカバー率は一〇〇パーセントである。

環境騒音の基準に達した面積は一〇・一平方キロメートルであり、県城の騒音基準に達したカバー率が六七・三三パーセントである。都市環境の主要な空気汚染物質の吸収顆粒物、二酸化炭素、窒素酸化物の年平均値はそれぞれ一立方メートルに〇・〇九九ミリグラム、〇・〇五五ミリグラム、〇・〇四〇ミリグラムであり、国家基準に達している。

七　社会事業の絶え間ない進歩

社会保障システムが徐々に健全化された。二〇一三年に全県で企業養老保険に加入した人数は四・三七万人であり、

二、三一二人が新しく増加した。企業納付人員は一、三五五人増加し、養老保険費二五、二二六万元が納入され、納入率は一〇〇パーセントである。定年退職者への養老金の支払い率は一〇〇パーセントであり、事業機構の養老保険納入率も一〇〇パーセントである。

生活保障基準が高くなっている。城鎮生活保護は一人当たり毎月四〇〇元であり、農村生活保護は一人当たり毎年二、五〇〇元になった。全県では一、〇二八人が城鎮生活保護を受け、三、二五八人が農村生活保護を受け、全年を通して一、一四〇万元の生活保護費を納付している。

八　住民の生活水準の絶え間ない改善

二〇一三年、平陰県の都市住民一人当たりの割当収入は一九、〇一九元であり、一二パーセント増えた。農民の一人当たり純収入は一〇、八三六元であり、前年より一二・五パーセント増加した。都市と農村の住民の年末預金額が八〇億元に達し、二〇一〇年より二倍に増えた。都市と農村の住民の収入比は一・七六対一であり、全省の平均水準より低い。就業形態が安定しており、全県が農村労働力の六、七四四人を移転させ、三、六六一人の城鎮での職業に就かせた。登録した失業率は二・七パーセントである。

都市と農村をさらに統一的に発展させ、都市と農村の一体化水準を高め、農民に都市住民と同じ生活を送らせ、都市住民と同様な公共サービスを受けさせるために、平陰県は全県の村落に対して重点的に企画し、鎮と村の体系的企画を編成した。全県の三七村の村落を一〇六村に合併させた。二〇一三年に、社区建設と各鎮の建設実態に合わせて、全県の農村社区に対して調整を行い、全県の村落を四六区の新型農村社区として合併させ、農民の住居環境を大幅に改善した。

収入水準が高まるにつれて、人々が満腹するだけでは満足できなくなり、食の栄養バランスを考えるようになった。消費レベルがたえず上昇した。住居条件が大きく改善され、二ＬＤＫ、三ＬＤＫ、二階建て、複式住宅、別荘など、都市と農村の住民一人当たりの住居面積がたえず増加した。城鎮住民一人当たりの住宅建築面積が三三・一平方メートルになり、農民一人当たりの住居面積が三八・二平方メートルになった。耐久消費財の購買力は一九七〇年代の一〇〇元単位の「四大件」（自転車、腕時計、ミシン、ラジオ）、八〇年代の一、〇〇〇元単位の「四大件」（テレビ、洗濯機、ステレオ、冷蔵庫）から、現在の家庭用乗用車、住宅など一〇万元以上の消費財が普通の家庭に入り込み、消費レベルが大きく上昇した。城鎮住民の一人当たり消費性支出は一一、一九七元であり、城鎮住民のエンゲル係数は三八・四パーセントである。一〇〇戸当たりの城鎮住民の所有数は、家庭用自動車が二八台、オートバイが六八台、コンピュータ八二台、エアコン一一〇台、冷蔵庫九六個、携帯電話二三〇台である。農民一人当たりの生活消費支出が六、九六七元であり、一〇〇戸当たりの所有数は、自動車九台、オートバイ五六台、コンピュータ二五台、エアコン二六台、冷蔵庫六一個、携帯電話一八四台、住宅電話五三台、洗濯機六五台、テレビ一一三台である。

第二節　平陰県における農村社区化の取り組み

平陰県は、総人口三七万人、総面積八二〇平方キロメートルで、山東省の中でも小さな県の方に数えられている。行政区の管轄上、地理的には済南市の郊外県に属しているが、都市化の発展が相対的に遅れている県である。

本節において、平陰県における社区建設の進行状況と、政策的背景について紹介することにしたい。第一章で述べているように、中国全土で都市と農村の二元化あるいは都市と農村の格差問題を解決し、九億人の人口を占める農村人口の生活が都市並みの暮らしができるようにと二〇〇〇年代から推進されている政策には、「三農」問題、新農村建設などが挙げられる。これらの政策が都市化の推進とともに歩調を合わせて行われている。その中で、農村地域における住居問題を解決するための社区建設は、農村住民の住居環境を改善し、都市住民のようなマンション暮らしができるようにと、集合住宅を建設し、農村住民が元々の村から離れて、新しく建設された社区に移転するという大掛かりな国家政策である。

都市と農村の建設用地の増減を関連づける管理方法

まずは社区建設に必要な建設用地の確保が問題となる。山東省全体においては、二〇〇六年に制定させた「山東省城鎮建設用地増加と農村建設用地減少を相互に関連させる管理方法（試行）」（二〇〇六年六月）を先駆けとして、都市建設用地を確保するための方法が社区建設にも適応されることになる。この政策によりながら、社区建設用地を具体的にどのような方法で捻出しているのかを見てみたい。

「城鎮建設用地の増加と農村建設用地の減少を相互に関連づける」とは、農業用地として耕作用地を復元した農村建設用地の面積（すなわち古い家屋を解体した面積）と、城鎮建設に用いた面積（すなわち新しい社区建設用地の面積）を合わせて旧家屋を解体し新居を建設したプロジェクト区（新しく建設した区と解体した区の両方を含む）として組み立て、新居を建設し旧家屋を解体することと土地の整地復墾とを通じて、プロジェクト区内における建設用地の総面積が増加せず、耕地と基本耕地農地面積が減少せず、土地の性質が低下せず、用地の枠組みがさらに合理的になることを指している。

こうした政策がとられるのは、耕地面積の確保という問題があるからである。中国全土では一八億万ムーの耕地を

写真3-1　宅地を耕地として整地している現場（2012年９月13日　筆者撮影）

確保し一三億人の食料を確保するという「赤い線」として提示された明確な数字がある。したがって、都市化の推進の中、都市建設用地がさらに必要とされている現状でも耕地面積を減らさない方策が必要である。平陰県では、新しい居住地の建設面積として、既存の用地二五〇〜三〇〇ムーを提供できるが、県全体では一、〇〇〇ムーの敷地が必要で、既存の用地だけでは不足している。そこで、農業用地になっている土地を建設用地にするのだが、耕地を減らしてはならないという中央政府の方針があるので、具体的取り組みとしてこの管理方法が用いられた。すなわち、村民を新しく建設された社区に移転させ、移転前のもとの村での住宅を解体し、庭を含む宅地を整地して耕地に転換（写真３－１を参照されたい）させる。このようなやり方によって、元々の村での耕地面積は増える。だが、社区建設に新たに使われる建設用地の総面積を、増えた耕地面積から引いても、元々の耕地面積を確保できるという内容である。村民が転出した後、宅地を耕地にして全体の耕地面積を維持し、村民は新しい社区での生活を始めることができるという政策である。このような方法によって、耕地面積を減らさずに社区建設に必要な土地を捻出するということである。

したがって社区建設は、耕地面積を確保する機能を担っている。村の合併もその方法の一つで、すでに二〇〇七年から行政区の合併を進めている。三四六村を一〇六区の社区にすると五万ムーの土地が出る。社区は三~四の村を一つの社区にし、そこでは二、〇〇〇~三、〇〇〇人が居住する。こうすれば、土地の集約ができて、耕地面積を減らすことなく新たな居住地を形成することができる。社区では集中した各村の事務所がそのまま存続して共同で業務をおこなっているが、時間とともに一体化すると思われる。

社区建設と社区への移転費用を捻出する機能も、「城鎮建設用地の増加と農村建設用地の減少を相互に関連づける」政策に含まれている。この政策を適用して社区建設資金と社区への移転費用の一部を捻出している。つまり、宅地を耕地として整地したときに一ムー増加すると二〇万元を補助するという規定を利用し、それを資金にして社区の建設と入居の費用に当てている。実質的には村それぞれの所有地面積によって、増加した耕地面積が異なる。したがって、村人に還元される入居費用などは村によって多少の差が見られる。さらに、元の村での宅地面積が世帯ごとに異なるため、還元される費用と新築された社区における住居面積にも差が生じる。具体的状況については、第四、五、六章における対象地の分析を参照されたい。

新型農村社区建設

平陰県における新型農村社区建設は二〇〇八年から始まり、本書の対象地である孔村鎮と前阮二社区などの建設はその当初から動き出した。その建設が進行するなかで、二〇一〇年からさらに社区建設が強化された。そこで山東省全体では「山東省国土資源庁の都市と農村建設用地の増減を関連づける試験点示範県の通知について」(二〇一〇年一月)に基づいて、八つの県(市・区)を、山東省における都市と農村の建設用地の増減を関連づける試験地区の模範県として選び出した。その一つに選ばれたのが平陰県である。平陰県が試験点示範県として選ばれたことが社区建設にさらに拍車をかけ、後に二〇一二年に平陰県独自の「全域城鎮化」の取り組みを打ち出すことにつながった。

さらに、中央政府が「三農」問題をさらに重視し、力を入れているということが政策資料から読み取れる。なぜなら、連続七年間にわたって中央政府が配布した第一号公文書は必ず「三農」問題への取り組みをさらに強化するものだったからである。平陰県でも二〇一〇年の第一号公文書において、新農村建設の推進事業の中で新型農村社区の建設を促進させると位置づけ、毎年郷鎮ごとに新しく一つから二つの新型農村社区を建設するとしている。新型社区建設の重点は、「城中村」、「城辺村」、「鎮駐地村」、「大企業周辺村」、「経済強村」という五つの地域であり、これらのタイプには第二次・第三次産業によって支えられることが見込まれている。

二〇一〇年四月に平陰県は「新型農村社区試験点建設の促進を加速させる意見」を打ち出した。二〇一〇年から、作業を新型農村社区の建設に集中させ、三〜五年の間に二〇区以上の新型農村社区の模範社区をつくりあげるという目標を定めた。

社区は鎮の管轄下に置かれている。鎮駐地（＝鎮政府所在地）社区と中心社区には、一般的に五、〇〇〇人以上の人口を集住させ、社区内の居住建設については多層ビルを主とするとしている。同じ社区に二種類の住居を作る。一つは、村民のための住宅で、売買できないが村民間の交換はできる。これを「小資産権」としている。二つは、県外のものも購入できる住居で、これを「大資産権」という。購入価格は条件がいいところでは一平方メートル当たり五、〇〇〇元をこえている。平均的には三、〇〇〇元程度である。

社区は「県城（＝県政府所在地で県の中心的な市街地）」の周辺で形成する。県城の吸引力は、公共施設が整っているところにある。水道、電気、集中暖房など公共設備がそれである。集中暖房は県城の八割に供給できていて、済南市の五割よりも普及している。また文化施設も公園、教育、医療など充実している。しかし、最近は済南に出稼ぎに行くものも多く、県外へ出ていく心配はある。教育水準がよく学歴が高くなるほど県に戻りたくなくなる。しかし、逆に済南の富裕層が転入してきて住むということにはならない。県にそれほどの魅力はない。

　都市と農村の生活面での格差が、食事の上ではほとんど見られなくなったとされているが、しかし、その格差がいまだに表に出ているのが住居環境だと指摘し、新型農村社区建設がもっとも重要になってくると指摘している。都市社区とは異なって新型農村社区は土地を所有している。土地の請負は村との契約なので、合併しても社区ではなく村の所有のままになっている。だから、農村社区は都市社区とは性格が異なってくる。対象地におけるインタビュー調査によれば、社区に移転した後、一つの社区にいくつかの村が移転してきているため、村民委員会も元の村の委員会のまま存在している。それぞれの村民委員会がそれぞれの村の土地を管理しているがゆえに、社区でも村民委員会同士が併存している。社区自体の管理体制が新たに形成される傾向にあるものの、現時点では既存の村民委員会ごとに機能している。

　農村の住居問題が改善され社区建設が順調にすすみながら、農業面でも成果をあげていると県政府の農業会議において評価されている。二〇一〇年四月に開催された「全県における農村業務会議」での平陰県県長の講話によれば、二〇〇九年の農業農村経済の発展状況は以下の通りである。穀物生産が旱魃という自然災害の不利な状況下でも、総生産量が二二万トンに達した。農業の産業化、大規模化、標準化の進展が加速しており、標準化した基地面積が三二万ムーになり、有機・減農薬農産物の商標が一六個になり、無公害農産物の商標が五九個になった。大規模龍頭企業が五〇社になり、各種専門合作社が二一〇社になった。野菜の栽培面積が一四・五万ムーになり、食用菌茸の栽培面積が二六〇万平方メートルに達し、漢方薬剤の栽培面積が六、〇〇〇ムーになった。

「全域城鎮化」の内容

以上に加えて、社区に移転してきた村人が社区での生活が円滑に行われるよう、平陰県は二〇一二年に県独自の「全域城鎮化」を打ち出した。「全域城鎮化」は、平陰県が独自に推進している政策である。新型農村社区建設の重点的な取り組みを強化するなかで、二〇一二年一二月に、平陰県県長が正式に「全域城鎮化」という概念を打ち出した。それは全県の三四六村の村落を五〇区の新型農村社区として統合し、二〇一五年までに二五区を完成させ、二〇二〇年までに三五区を完成させるとしている。全域城鎮化の作業が順調に行われるようにと、県長をはじめとしたセンターをつくりあげた。

全域城鎮化の基本構想および具体的な進め方について、平陰県政府から二〇一三年七月に出された公文書七号によりながら、二〇一五年三月に実施した平陰県の全域城鎮化センターへのインタビューをもとに紹介することにしたい。平陰県全域城鎮化の基本構想は「一二三四五六」発展構想と名づけられており、その主な内容は以下の通りである。

一つは、「質を高めて速度を早め、都市と農村の一体化を図る」という目標を示している。質と速度両方において城鎮化を推進し、都市と農村の二元化現象をなくし、その格差を埋めようとしている。

二つは、産業によって支える力と城鎮の担う能力という二つの能力を高めること。これは、第二次・第三次産業をもって支える力と、農村人口を城鎮が吸収する力を意味している。新型社区建設によって、もともとの村での住宅が解体され、宅地が耕地として整地され、村民は元の村を離れて新築された社区の集合住宅に移転した。すなわち元の村落がなくなり、村落に生活していた村人は、県城あるいは鎮所在地の社区および県城近くの社区に住居を移した。住居の移転に伴い、県城と鎮所在地に入ってきた村人の中で第二次・第三次産業に転換する人も多くいる。それらの人々を支えられる第二次・第三次産業の発展が求められるのである。

三つは、城鎮建設の面で、県城の建設、小城鎮建設および新型農村社区建設という三つの城鎮建設体系をつくりだすことである。すなわち、平陰県の県庁所在地である県城の建設、また平陰県の管轄下にある六つの鎮の鎮政府所在地の建設、そして旧村を新たに移転させる新型農村社区建設という三段階で城鎮化を進めるということである。すなわち、城鎮の建設と社区の建設を組み合わせて新たな城鎮建設をすすめるとしている。

四つは、中心城区、新型農村社区、生態工業園区、現代農業園区という四区を同時に建設することで「四区同建」という計画を打ち出した。中心城区とは、県庁所在地の県城を中心として一三個の都市社区を建設し、人口を吸収する。二〇〇五年三月時点での県城の人口が一二万人であったが、二〇二〇年には二〇万人とする計画で進めている。そこで、学校や病院を県城に集中させるとしている。中学校は各鎮に一つずつ残す計画だが、高校は全部県城に集中させる方針である。そのように、人口を県城に集めてよりよい公共サービスを提供できるとしている。新型農村社区については、中心城区範囲外の三三七村の村落を四六区の新型農村社区として建設する。その中身は駐地社区六区、中心社区二一区、基層社区一九区となる。一社区を五、〇〇〇人に設定している。この社区建設には公共施設を集中させてよりよい公共サービスを提供しようとしている。生態工業園区（図3-1を参照されたい）は、「産城融合」といって、集中してきた人口を支える工業を発展させることを目的としている。孔村鎮、東阿鎮などの工業が発展した地域を中心に工業発展を図るということで、社区の住民が就業する場を建設して就労問題の解決を図る。現代農業園区（図3-2を参照されたい）では、農業の産業化、農業龍頭企業、専業大型農家、家族農場、合作経済組織の育成に力をいれ、大型化によって現代農業に取り組む。また県城の生態観光農園をつくりあげる。

こうした進め方で、二〇一五年までに城鎮化率（城鎮化率とは、県政府所在地の県城および鎮政府所在地の鎮市街地における人口と、それ以外の地域における人口との比率を指す）を五六パーセント以上に達するようにし、二〇二

図3-1　工業園区計画図

図3-2　現代農業園区計画図

〇年には六五パーセント以上にするという目標をもって、平陰県独自の全域城鎮化を進めている。

第三節　平陰県調査の対象と方法

調査研究の概要

われわれのフィールドワークは、大きく、①鎮政府・県政府などへの訪問、現地訪問、インフォーマント・インタビューなどによる概況把握、②いくつかの社区を選定したうえでの質問紙による戸別インタビュー、③若干の補充調査から成り立っている。全体の日程は次のようであった。

二〇一一年九月　孝直鎮、駐地社区を訪問。
二〇一二年三月　平陰県政府を訪問、孔村鎮龍居華庭を訪問、孔村鎮政府を訪問。
二〇一二年九月　孔村鎮政府を再訪、孔村鎮中心社区を訪問。
二〇一三年八月　孝直鎮・孔村鎮・錦水街道の三地区で質問紙によるインタビュー。
二〇一五年三月　孔村鎮中心社区を再訪、錦水街道中土楼村を訪問。

二〇一一年の当初、平陰県における新型社区はまだ建築途上であったが、完成した区画から入居も進められており、概況を知るための現地訪問にはその個人宅も含まれている。

この間、山東省社会科学院との打合せはこれら訪問時にあわせて毎回（加えて二〇一四年四月にも）おこなわれた。われわれは十年以上にわたる交流をふまえ、学問的課題関心を交換しつつ、息の長い継続を約束し合っていた。姚東方副院長による周到な準備と交渉もあって、鎮政府や県政府への訪問は非常に友好的な雰囲気と学術交流にふさわしい話題、詳しくかつ率直な説明によって迎えられた。県政府や鎮政府における聞き取り、および事例訪問については、すべて共同でおこなった。村民への戸別インタビューについては中国側スタッフの大きな尽力に頼らざるを得ない面もあったものの、質問紙の設計は共同でおこない、また、集計や執筆も共同であたることを申し合わせた。

対象地区の概要

われわれが重点的に訪問することにしたのは、中心城区内の錦水街道の前阮二社区、孔村鎮の中心社区、孝直鎮の丁屯社区および展注社区であった。錦水街道が県城に最も近く、孔村鎮と孝直鎮がそれからやや離れた位置にある。もっとも、すでに示したとおり、県内の工業化区域は各地に分散して設定されており、農村部の中にも村民が工業部門と兼業しやすい地区と農業に軸足を置いた地区とがある。中心城区からの距離だけで都市部か農村部かというのはやや単純で、選んだ四つの社区は、都市化しつつも農業に従事する生活が（もちろん比率や地域特性を異にしながら）残っている地区と言える。

戸別インタビューは、二〇一三年八月の二〇日から二二日にかけて実施された。対象となったのは表３‐１に示す上述の三地区の四社区、三〇戸である。

表3‒1　戸別インタビューの概況

地区	社区	対象戸数
孝直鎮	丁屯社区	5
	展注社区	5
孔村鎮	孔村鎮中心社区	10
錦水街道	前阮二社区	10
合計		30

錦水街道の前阮二社区は、村が丸ごと社区に移行した例で、秦慶武の言う「移転安置型」にあたろう。もともとは黄河の河川敷にあり、農業生産はあるものの、貧しい村だった。八〇年代から少しずつ移動させてはおり、その流れで社区化以前から移転のための補助があったため、新型社区では庭付きの二階建て住宅を実現することができた。キリスト教が根付いた村であって、村民が資金を集めて教会も作っている。

これに対して、孔村鎮の孔村中心社区は、周辺農村がいくつか集まって移転した例である。炭素工場があって、これと農業の組み合わせが趣旨となっている。つまり、「村と企業を連結して建設する社区」に近いだろう。マンション型の五階建ての社区の住宅は、住民の選択に合わせられるよう、一階が車庫ないし農業倉庫になっている。が、実際上は、旧村からやや遠く、農地からも離れることになるので、移転を機に農業から離れる人も出ている。つまり、基軸は工業化に傾いている。

孝直鎮も工業化区域を設定してはいるが、そのなかでも丁屯中心社区は農業を基幹に考え、白菜、トウモロコシ、ジャガイモなどの品目別に土地を集中させる計画で移転を進めている。旧村からの距離が短い位置にある。「多村合併型社区」にあたろうか。この社区も家屋はマンション型の三〜四階建てで、一階が倉庫となっている。とはいえ農業だけでは足りないので、農業に組み合わせる就業機会の創出・確保が、若年層をつなぎとめるための課題となっている。

質問紙の構成

質問事項および質問文は質問紙によってそろえてある。回答方式はほぼ自由回答。いわゆる半構造的インタビューにあたる。質問紙は、まず日本側で日本語版を試作し、これを中国語に翻訳して、社会科学院と一緒に内容や中国語での質問文を検討するという方法で、作成した。

質問項目はおよそ次のようであった。

①家族状況

一、家族員（同居者、別居者）

二、世帯主および配偶者の生活歴（出身村、結婚の事情）
三、引っ越し前後の家族構成の変化
②仕事の状況
一、農業経営（耕地面積、穀類、畜産、果樹園、グリーンハウス、その他）
二、農業収入
三、その他の収入（財産的収入、子供からの仕送り、養老手当）
四、農業以外の就職（就業先、雇用形態、年収）
五、個人経営（開始年、投資額、従業員、販売額、年収）
六、引っ越し前後の仕事の変化（農業、農業以外、収入）
③住宅と移転の状況
一、移転時期
二、移転の状況（村ぐるみか分散か、自由意志か）
三、移転費用（額、資金の出所）
四、移転にあたっての手当（有無、額）
五、移転後、満足か
④生活の状況
一、家事分担（意志決定、買い物、子供の面倒、料理・洗濯・片付け）
二、近隣との関係（引っ越し前後の近隣との関係）

三、親類との関係
四、病院と買い物
五、娯楽
六、日常的生活費
七、子供と年寄り（子供への期待、学歴展望、将来的同居、老後、扶養問題、敬老院、引っ越し前後での考えの変化）
八、家庭生活における困難

⑤生活意識
一、生活の目的、生きがい
二、理想の生活
三、現状での不満
四、県城や鎮に希望するインフラ、サービス
五、将来、実現させたいこと（農業、農業以外、生活）
六、この社区で改善してほしいこと
七、幹部への期待
八、平陰県の魅力

すべての項目について一通りインタビューすれば、短くても一時間、多くは二時間程度の訪問となった。対象者は世帯主としたが、訪問時に世帯主が留守で、その妻や後継者の妻が対応する場合も珍しくなく、他方、夫婦がそろっ

て回答した例もあった。質問・記録は基本的に研究チームの一名があたったが、これに他の研究チーム員が同行した場合もあるし、鎮や社区の担当係が同行することもあった。

回答の全般的傾向

仕事と収入の状況などの子細は各地・各社区によって異なるので、その担当箇所で記述することとして、ここでは、戸別インタビュー結果についての全般的な傾向について概観し、また、注意事項について述べておこう。

まず、注意事項だが、社区ないし旧村の全体としての住民の属性に関する一覧等は得られていない。だから、回答

表3-2　社区と旧村の対応：孔村鎮の場合

社区	旧村	旧村人口	合計
孔村鎮中心社区	孔村	2,820	
	尹庄	1,970	
	夥居楼	1,393	
	孫庄	1,084	
	前套	917	
	后套	539	
	金沟	500	
	柿子園	413	
	北孔庄	244	17村
	張山頭	149	13,707人
	王庄	550	
	晃峪	160	
	后大峪	220	
	蒋沟	721	
	南官庄	1,138	
	前岭	188	
	孔子山	701	
李沟社区	李沟	1,059	
	尚辛庄	388	
	大荊山	882	
	孔庄	865	
	高路橋	212	10村
	柿子峪	331	6,825人
	团山沟	257	
	石板台	751	
	南毛峪	964	
	北毛峪	1,116	
天宮社区	東天宮	1,132	
	前转	1,208	
	后转	453	6村
	郭柳沟	1,529	5,456人
	范皮	466	
	王小屯	668	
陳屯社区	陳屯	2,081	
	劉小庄	925	4村
	臧庄	552	5,305人
	太平庄	1,747	
白云社区	白云峪	470	2村
	値金寨	347	817人
王楼社区	王楼	357	
	前大峪	645	3村
	半边井	704	1,706人
胡坡社区	小峪	875	
	安子山	743	4村
	胡坡	1,046	3,278人
	黄坡	614	

備考：建設現場における掲示から作成。

者がその社区ないし旧村の住民をどの程度までどのように代表しているのかは、判断しがたい。もっとも、表3−2に示した孔村鎮社区の例に見るように、日本の小さな集落（部落）とは異なって、何百人、場合によれば千人以上の人々からなる村々がさらに一つの社区に集合するわけなので、日本農村についてのモノグラフ調査がまずもって部落全体の全戸把握を試み、事例を全体関連的に把握しようとするのとは、かなり勝手が異なる。それでも、インタビュー対象者には、かなり裕福な家から経済的に苦しいと思われる家までが含まれている。世帯主の年代にも一定の開きがある。そこで、これらがカバーしうる限りにおいて、現状においてありうる類型をまずは拾ってゆくことを、分析の当面のねらいとした。実際、農村の維持と都市化の進展のはざまのなかで、生活態度と営農志向が一様ではないことが、知見の一つであった。

たとえば、世代またはライフステージによって生活の様子が大きく異なり、また、学歴や就業歴などのちがいによって子供の今後の学歴に対する期待も大きく異なる。若者たちが都市に出て行って親夫婦二人だけが残った「空巣老人」世帯があると思えば、いま子育てのさなかにあって、農業では高収益作物への集中や多角化、加えて農外への就業や個人経営など多就労化をはかる家がある。今後の目標について、急激な変化にとまどい、答えあぐね、自分の健康くらいしか念頭にのぼらない人と、より豊かな生活を夢見て、子供の学歴について「高ければ高いほどよい」と期待する人とがある。社区毎の性格のちがいも無視できないが、各社区内での世代・ライフステージ間での格差の大きさ、就業歴や学歴のちがいなどの変化ないし分解が、大きな特徴と思われるのである。

とはいえ、全体としてほぼ共通する回答があった項目もある。一つには、社区への移転に対する評価、とりわけ満足感である。多くの回答者が「衛生」、つまりトイレの改善を挙げている。以前は外にあったのが、今では家屋内で、しかも水洗になった。県政府の一役員によれば、トイレットペーパーに慣れなくて困るというほど数段飛びの改善なのである。単に公式化された回答とは言いがたかろう。その他、交通、医療、買い物など、生活の条件としてはまず著しく改善されたというのが回答者の実感としてあるようだ。しかしながら、まだ建設途上という事情も手伝ってのことだろう、買い物や公共交通の便に関する不満も少なくない。また、以前よりも便利になったが、県城などとの比較がなされ、それとの対比で不満が表明されることもある。このように、全般的向上に対する満足・期待と、それ以上の都市的生活との比較からくる不満とが、混在している。

概して、農業や農村に価値を見いだす回答はほぼ見られない。農業への意欲が示された例でも、その農業はここで収入を得るために手放せない手段であって、生活様式なり態度の選好の結果ではない。さらに、それは子世代が都市で働くための学歴を得る当面の手段であるという位置づけも見られる。平陰県について積極的に評価するにしても、それは短期間のあいだによく都市化したことを魅力と見なす回答であって、生態（自然環境）がよく保たれているといった評価や、都市的生活様式の問題点と対比して農村的生活様式の良さを指摘するたぐいの回答は、ほぼ見られない。社区化にあわせて都市住民における需要を見込んだ農村観光や別荘化も構想されており、したがって都市の富裕層や高学歴層などにエコロジーや田舎暮らしへと向かう志向が現れていることが政策的には認知されているわけだが、しかし、農家のあいだでは農業・農村から都市と都市的生活様式へと向かうベクトルのほうが圧倒的なのである。ただし、それが離農・離村へと直結するわけでもない点に注意しておくべきだろう。大都市に就労機会を求めたとしても、それで安定した生活を実現できるとは限らないからである。そこで、農村戸籍を残しながら複数の収入源を得るという農民の選択と、農村に都市的生活様式を実現させて人口を農村ないし農村周辺の地方都市にとどめおこうとする社区建設政策とが、合致することになる。

もっとも、生活様式の都市化は、たとえば以前なら庭先にニワトリがいて卵も得られていたのが、いまはマーケットでお金を出して買わねばならない時代になったということでもある。つまり、現金支出が増える。この点についての不評は少なからず見られた。その他、不満があるとすれば、水道代、ガス代、電気代、管理費など、日常的な生活費の増加であった。いまは農業を細々と続けながら養老手当や子供からの仕送りを加えて生活を維持しているような高齢世帯の場合、さきざき苦しくなることもありえよう。

共通点の二つめは、今後の生活に関する態度、とりわけ老親扶養に対する態度である。ほぼすべての回答が、親を敬老院に入れることに忌避的ないし拒否的であった。一般に、あとつぎが原理的には同居して家業・家産を継ぐとともに老親扶養の義務も負う日本の直系家族の習慣とは異なり、漢人社会における家族慣行では、居住と生活実態としての世帯とが必ずしも一致しない。言い直せば、別居しても相互扶助に関して親子の血縁原理が作用し続ける。回答者とその親世代の関係については、その規範と実践が回答されたものであろう。しかし、回答者とその子世代については、自分の老後にも敬老院には入りたくないという回答が多くある一方、「子供に面倒をかけたくない」という思いも非常に強い。実際、子世代が都市化の流れに乗ることを阻んでしまっても生活が不利になるだろう。現在、このジレンマを、いわゆる「半都市化」、つまり農業だけでは立ち行かず、大都市に稼ぎには行くが、そこで定住するほどの安定は得難いため、農村の基盤も保持し、移転するにしても近くの地方都市を選ぶことも多いといった実情で、なんとかしのいでいる状況であろう。そのなかで、できるかぎりの自立生活と健康への願いが突出して多くなるのは理解できる現象であるにちがいない。今後、社区が多世代の同居する住まいになるとは想像しがたく、かつ敬老院への忌避感が持続するなら、在宅の高齢者に対する生活支援策が講じられなければならないことになるだろう。もとより社区化により生活意識が変化する可能性もないではない。

子育ての役割分担も重要な要素である。若年世代が県城や県外の都市に出て独立した生計をなすにしても、そこで子供（農村にいる両親から見て孫）ができた場合、基本的に共稼ぎなので、その生活を支えるには子供の世話にあたる人がもう一人必要となるケースが多い。それには女性、それも母親より孫から見た祖母があたるべきだという答えが多く見られる。その女性が都市へ出てゆくにせよ、孫が村の祖父母に預けられる「隔代家族」に近い実態になるにせよ、世帯主が外で働きながら妻が農業の日常的な作業にあたっている「農業の女性化」とでも言うべき世帯の場合、このときに担い手を失う公算がある。

共通点の三つは、旧村における近隣関係、あるいは親戚関係が、すぐさま解体されずに維持されていることである。まだ移転直後ということもあったろうが、新しい社区で多少離れたといっても、旧村での「近隣」のほうが物理的距離にしては遠いくらいなので、移転はあまり支障にならなかったようである。また、新しい社区では、たとえば共有部分の清掃などはそのための組織が別個に作られ、雇用によっておこなう（言い換えれば、移転後の村民にアルバイトの機会を提供する）ので、棟住民による一斉清掃といった共同性はあまり必要なく、ただちに新しい関係が古い関係に取って代わるというわけでもない。もちろん今後の住民組織がどうなるのかといった問題があるが、建築途上・移転直後の段階ではまだ顕在化していない。旧村での交際関係の存続は冠婚葬祭などにおける交際費がかかるということでもあるので、これに新しい生活組織が加わってきた場合、先の日常的生活費の増大ともあいまって、家計を圧迫してしまう公算もある。住民組織がどう再編されることになるのかは、今後の研究課題である。

さて、今回の戸別インタビューの限界として、ケースにより、農業収入や老齢年金、家計としての一体性などについて、あまり明瞭ではない場合があった。村に残っているのは女性とこどもと老人、これを俗に「三八六一九九」と言ったりする（三月八日が国際女性デー、六月一日が子供の節句、九月九日が老人の日なので）。その老人や女性が回答者になった場合、金銭的な事柄の全体を把握できていなかったのかもしれない。

また、通婚圏は概して狭く、旧い村の隣村ないし隣々村程度の範囲の紹介婚である場合がほとんどである。しかも高齢女性は外で働いた経歴を持つ例も少ない。その女性に生活意識や平陰県の印象について尋ねても、比較対象がなく、答えようもないという面がある。もちろん、世帯主の中にも、インタビューに慣れておらず、率直な回答を忌避したり、公式的な回答を繰り返したりするといった側面もあったと思われる。第四章以下での記述・分析においてはそのぶんを差し引いておかねばならない。

第四節　調査対象者の農業経営の実情

一　対象者の農業経営状況

われわれは平陰県の三つの鎮（街道）の四つの社区において、合計三〇戸の農家に対して面接調査を実施した。対象農家の農業経営について、下記のような特徴がみられた。

土地の規模

農家の耕地面積は小さく、しかも農家間の耕地面積の差が比較的大きい。数量からみると、調査した三〇戸の農家の中で、耕地面積が一〇ムーを超える農家はわずか五戸であり、対象農家の一六・七パーセントを占めるにすぎない。耕地面積が五～一〇ムーの農家もわずか三戸であり、対象農家全体の一〇パーセントにすぎない。耕地面積が五ムー以下の農家は二二戸であり、対象農家全体の七三・三パーセントを占める。地域の分布からみれば、孔村鎮孔村社区の一戸当たり平均耕地面積がもっとも多く、六・九七ムーに達しており、孝直鎮展洼社区がその次であり、一戸当たり平均耕地面積は六・〇四ムーである。孝直鎮の丁屯社区の一戸当たり平均耕地面積は少なく、三・二八ムーである。錦水街道前阮二社区の一戸当たり平均耕地面積が最も少なく、わずか二・五八ムーである。

その原因について以下のように分析を試みた。人口が多くて土地が少ないということは、中国の基本国情であり、山東省は中国の中で人口密度がかなり高い地域の一つである。統計部門の資料によれば、二〇〇九年末まで山東省の一人当たり平均耕地面積はわずか一・二一ムーであり、全国平均水準の一・五二ムーよりも低い。現在、中国の家族の規模がかなり小さく、一般的な家族成員が三～五人であるため、一戸当たりの耕地面積はかなり少なくなる。その他、中国が現在実施している土地請負責任制が実行する期間に変化はない（このことは請負関係の安定化に有利であり、農家が農業生産を行うのに有利である）。その基本原則は、「増人不増地、減人不減地（＝人が増えても土地は増やさず、人が減っても土地は減らさない）」ということであり、一農家にとって、娘が嫁ぐかあるいは年寄りが亡くなった場合、もともと請け負っていた土地がそのまま保留され、息子が嫁をもらうかあるいは子どもが生まれた場合、一般的に土地を増やすことはない。このことが、ある程度異なる農家間において耕地面積に大きな差を生じさせた。

経営方式

一家一戸ごとの小農経営が主であるが、土地の流動化（土地の賃貸借）がすでに始まっている。対象農家の具体的状況からみると、土地の賃貸借がない農家がもっとも多く、一二戸に達しており、対象農家全体の四〇パーセントを占めている。土地を借りている農家が一〇戸であり、全体の三三・三パーセントを占めている。土地を貸している農家が九戸であり、全体の三〇パーセントを占めている。土地を借りている農家の中で、借りている面積がもっとも大

19	孔村鎮孔村社区	10	–	10	土地を賃貸	–	–	–	–
20	孔村鎮孔村社区	3.2	–	–	土地は宅地に転用	–	–	–	–
21	錦水街道前阮社区	3	–	2.5	トウモロコシ0.5ムー、小麦0.5ムー。従事者は世帯主	–	–	–	–
22	錦水街道前阮社区	3.2	3	2	トウモロコシ0.1ムー。従事者は夫婦	–	–	–	ヤナギ２ムー。従事者は世帯主
23	錦水街道前阮社区	1.4	3	–	トウモロコシ1.4ムー、小麦1.4ムー。従事者は夫婦	–	–	–	バラ３ムー。従事者は妻
24	錦水街道前阮社区	2.3	–	–	トウモロコシ2.3ムー、小麦2.3ムー。従事者は夫婦	–	–	–	–
25	錦水街道前阮社区	1.8	–	1.8	–	魚の養殖５ムー。従事者は世帯主	–	–	ヤナギ300本。従事者は世帯主
26	錦水街道前阮社区	4.8	–	–	–	–	–	–	–
27	錦水街道前阮社区	1.7	–	–	小麦1.7ムー、トウモロコシ1.7ムー。従事者は夫婦	–	–	–	–
28	錦水街道前阮社区	0.45	6	–	小麦４ムー、トウモロコシ２ムー、大豆２ムー。従事者は祖母	魚の養殖２ムー。従事者は夫	–	–	蔬菜0.2ムー。従事者は夫
29	錦水街道前阮社区	3.9	–	3.9	土地を賃貸	–	–	–	–
30	錦水街道前阮社区	3	–	–	トウモロコシ３ムー、小麦３ムー。従事者は夫婦	–	–	–	–

きいのは二〇ムーであり、他方では、一農家の借りている土地面積が六ムーであるほかは、借りている土地はすべて五ムー以下である。貸し出している土地の面積がもっとも大きいのは一〇ムーであり、他方の一農家が貸し出している土地は八ムーであるほかは、すべての貸し出している土地面積は五ムー以下である。このことからわかるように、調査対象地の農業経営は依然として一家一戸の請負経営（小農経営）を主としており、土地流動化の動きがはじまっているものの、その流動規模は比較的小さいものである。

その原因を以下のように分析することができる。改革開放以来、一家一戸の土地請負を基礎とした小農経営は、中国のもっとも主要な農業経営方式である。しかし、新型農村社区の建設につれて、一部の村落は移転と合併が必要となり、移転後の居住地が旧来の耕地からかなり離れており、多くの農家は旧来の耕地を耕す意欲が薄れている。わ

表3-3　対象農家の農業経営状況について

整理番号	社区	1. 農業経営							
		①耕地面積				②畜産	③果樹	④ハウス栽培	⑤その他（蔬菜・林業・水産等）
		耕地面積（ムー）	賃借地面積（ムー）	賃貸地面積（ムー）	作付状況				
1	孝直鎮展洼社区	16	–	–	小麦5ムー、トウモロコシ6ムー、バラ3.5ムー、ジャガイモ7ムー。従事者は夫婦、たまに雇用	牛4頭。従事者は世帯主	–	–	白菜7ムー。従事者は雇用
2	孝直鎮展洼社区	2.5	–	–	トウモロコシ2.5ムー。従事者は妻と娘婿	–	–	–	ジャガイモと白菜2.5ムー。従事者は妻、夫、娘婿
3	孝直鎮展洼社区	4.8	–	–	小麦4.8ムー、トウモロコシ4.8ムー。従事者は夫婦	–	–	–	–
4	孝直鎮展洼社区	5	20	2	小麦4ムー。従事者は娘婿	–	–	–	ヤナギ15ムー。従事者は娘婿
5	孝直鎮展洼社区	1.9	2	–	トウモロコシ3.9ムー。従事者は妻、家族が補助	–	–	–	–
6	孝直鎮丁屯社区	5	1	–	トウモロコシ3ムー、ジャガイモ7ムー。従事者は夫	–	–	–	–
7	孝直鎮丁屯社区	–	–	–	–	–	–	–	–
8	孝直鎮丁屯社区	3	5	–	トウモロコシ8ムー、ジャガイモ8ムー。従事者は夫妻、繁忙時に雇用	–	–	–	白菜8ムー。従事者は夫婦
9	孝直鎮丁屯社区	4.4	3	–	トウモロコシ7.4ムー、ジャガイモ7.4ムー。従事者は夫婦	–	–	–	白菜7.4ムー。従事者は夫婦人
10	孝直鎮丁屯社区	4	4	–	トウモロコシ8ムー、ジャガイモ8ムー。従事者は夫婦	–	–	–	白菜8ムー。従事者は夫婦
11	孔村鎮孔村社区	8	–	8	土地を賃貸	–	–	–	–
12	孔村鎮孔村社区	10	–	3	トウモロコシ7ムー、小麦7ムー。従事者は祖母と娘婿	–	–	–	–
13	孔村鎮孔村社区	2.8	–	–	小麦2.8ムー、トウモロコシ2.8ムー。従事者は世帯主	–	–	–	–
14	孔村鎮孔村社区	12.5	1	–	小麦7ムー、トウモロコシ7ムー、綿花1ムー、ウリ2ムー、アワ2ムー。従事者は家族	–	桃	–	–
15	孔村鎮孔村社区	4	3.5	4	トウモロコシ、小麦、ウリ、綿花、アワ。従事者は妻と父母	–	–	–	–
16	孔村鎮孔村社区	0.4	–	–	トウモロコシ0.4ムー。従事者は娘	–	–	–	–
17	孔村鎮孔村社区	15	3	–	トウモロコシ4ムー、小麦4ムー。従事者は妻と祖母	–	–	种尖椒	バラ11ムー。従事者は祖母
18	孔村鎮孔村社区	3.8	–	–	トウモロコシ3.3ムー、小麦3.8ムー。従事者は夫	–	–	–	落花生0.5ムー。従事者は夫。

れわれが調査した孔村鎮張山頭村は一つの典型的な事例である。孔村鎮中心社区に移転した後、旧来の耕地からかなり離れているため、張山頭村のほとんどの農家は旧来の土地を賃貸している。その他、城鎮化（都市化）の快速推進につれて、多くの農村青壮年労働力が都市へ流れ込み就業し居住すると、再び農業生産に従事する意欲が薄れる。農村で農業生産に従事しているのは多くは老人であり、年をとるにつれて老人も土地を賃貸したいと考えるようになる。農土地の賃貸の面からすれば、一部の村落がまだ一定数量の集団所有の土地を保留しており、有料で農家へ貸借することができる。その他、農家間でも自由に土地を賃貸借することができる。現在、中国政府がちょうど土地の賃貸借を鼓舞する政策を実施しており、家庭農場、大手栽培農家、農業専門合作社などの新興農業経営主体の発展を鼓舞し、土地を少数農家あるいは組織へ流動させ、大規模経営を実現し、農業全体の効果を高めようとしている。これらのことから推測すれば、将来一定期間内に、中国の土地流動化が加速し、中国の農業経営方式が一家一戸の小農経営から大規模経営へと転換するだろう。

経営種類

食糧栽培を主とし、一定の商品作物の栽培を複合することが、中国の北方地域の典型的農業生産である。表３－３によって対象農家の具体的状況をみると、すべての農家は小麦とトウモロコシを栽培しており、かつ両方を輪作している。一部の農家はまたジャガイモ、紫芋、白菜、粟、落花生、バラなどの作物を栽培している。バラは平陰県の最も特徴のある代表的な商品作物であり、効果と利益がかなり高い。畜産飼育、果樹、ハウス栽培は、この地域であまり目立たない。対象農家三〇戸のうち、畜産飼育をしているのが三戸であり、一戸は牛を飼育し、ほかの二戸が魚の養殖をしている。果樹栽培をしているのは一戸であり、クルミを栽培している。ハウス栽培をしているのは一戸であり、ピーマンを栽培している。その他、三戸の農家がヤナギを植樹している。食糧生産量からみれば、この地域の土地は比較的肥沃であり、一般的に小麦の一ムー当たり収穫量は五〇〇キログラムであり、トウモロコシの一ムー当たり収穫量は六〇〇キログラムであり、その他の作物の収穫量はそれぞれ異なる。従事者をみると、一般的に農作業に従事しているのが出稼ぎに出かけていない老人であり、多くは夫婦二人あるいはその他の家族成員である。一部の農家は、農繁期に人を雇うこともある。

その原因を以下のように分析することができる。調査対象地は、山東省の中西部に位置しており、華北平原の一部に属している。小麦とトウモロコシを輪作し、一年間で二回収穫するということは、華北平原の典型的な栽培特徴である。対象地は、食糧生産を主とする地域であり、主に小麦、トウモロコシなどの食糧となる穀物を栽培しており、その他の商品作物は比較的少ない。バラの栽培は、この地域では一定の伝統と基礎条件が備わっており、長年の発展を経て、栽培面積がたえず拡大し、一定規模を形成しているだけではなく、この地域のもっとも特色のある代表的な商品作物となりつつある。この地域は、基本的に平原であり、畜産飼育と林業、果樹栽培などの自然条件に恵まれず、それらが発展してこなかった。社区へ移転する前に、一部の農家は鶏、アヒル、豚、羊などの家畜を放し飼いしていたが、社区に移転した後、集合住宅に転居したため、これらの家畜を放し飼いする条件が整わなくなった。この地域は典型的な野菜栽培の地域ではない。一部の農家が白菜、ジャガイモなどを栽培しているが、ハウス栽培をしている農家はかなり少ない。農作業従事者からみれば、食糧栽培にかかる労力が少なく、機械化水準がたえず高まっているため、食糧栽培に従事しているのは主に老夫婦であり、たまにその他の家族成員も手伝う。野菜とバラの栽培には労力がかなりかかるため、栽培農家は一般的に農繁期には人を雇う。

二　対象農家の収入について

ここでは、この地域で実施された関連政策とこの地域での調査をもとに、収入状況についてまとめることにする（表3－4）。全体からみれば、この地域の対象農家間において収入状況にかなりの差が存在しており、まとめれば具体的に以下のような特徴をもっている。

農業経営の収入

食糧生産に従事している農家の収入は比較的低いが、収入が安定しており、商品作物を生産している農家の収入は比較的高いが、収入には波がみられる。この地域での小麦の生産量は一ムー当たり五〇〇キログラム程度であり、トウモロコシの生産量は一ムー当たり六〇〇キログラム程度である。食糧に対しては、買上価格には国からの最低保障価格が課せられているため、食糧の価格は相対的に安定している。小麦の価格は一キログラム当たり二・二元程度で、トウモロコシの価格は一キログラム当たり二・一元程度である。このように、一ムー当たりから毎年五〇〇キログラムの小麦と六〇〇キログラムのトウモロコシを収穫するため、一ムー当たりの総収入がおおよそ二、三〇〇〇元程度となる。この地域では、毎年投入する生産コストには、主に化学肥料、農薬、灌漑、耕作などの費用があり、一ムー当たりのコストはおおよそ一、〇〇〇元である。このように計算すれば、一ムーの耕地から毎年得られる純収入は一、三〇〇元程度であり、農家のもつ耕地面積に一、三〇〇元をかければ、農家の食糧栽培の純収入になる。このことがアンケート調査の中で、対象農家の食糧（穀物）の収入を計算する基本根拠となっている。しかし、ここで説明しなければならないのは、農家が経営収入を計算する時、一般的に農作業従事者の労力投入をコストとして計算しておず、すなわち投入した労働力のコストがゼロであるため、作業者の労働力を計算すれば、純収入はかなり減るはずである。あるいはマイナスになる場合もある。実際、農業生産に従事しているのが老人であり、たとえ農業生産に従事しなくても出稼ぎすることができず、労働力による収益を実現しがたい。したがって、一般的に農業生産に従事する老人は、原材料コストを引いた純収入を、彼らの労働力への報酬として計算しようとする。その他、食糧生産には季節性が強いため、機械化水準が高いことを加えると、比較的労働力と労働時間を節約できる。多くの農家はほとんど兼業農家であり、農繁期は農業に従事し、農閑期は外で出稼ぎする。商品作物を栽培する場合は、収益は相対的に高いが、商品作物の価格が市場に左右されるため、波が大きくリスクも高い（たとえば、バラはその年によって価格が何倍あるいは何十倍の差がでる）。したがって、この地域では商品作物を栽培している農家は少ない。一般的に労働力がかなり多く、年齢が相対的若い農家の方が商品作物を栽培することを好む。

政府の補助金

補助金は「食糧生産に関する補助」を主としており、補助に継続して力を入れている。土地の賃貸による収入金額は低いが、増加する傾向がみられる。この地域で実施されているのは国家の統一的な耕作補助政策である。二〇〇四年から中国政府は、何千年続いた「農業税」を廃止しただけではなく、食糧を生産する農家に対する補助金を給付した。このことは中国の農業発展史において道標となる意義のある出来事である。その後、中央財政が食糧生産に支出した補助金は年々増加している。食糧生産を直接補助するほか、優良品種への補助、原材料への総合補助、農業機械への補助などの補助項目を増やした。一般的に食糧生産をしている農家にとっては、食糧生産補助金、優良品種補助金、種子・農資材総合補助金の三項目の補助金を全部受けることができる。調査地域では、この三項目の補助金を合

		3. その他の収入		
⑥政府補助金	⑦土地賃貸料	①財産性収入	②子女補助金	③養老補助金
1,000元	–	–	–	70元/月/人
–	–	–	–	3,000元/月
648元	–	–	–	70元/月/人
–	1,200元	–	–	70元/月/人
穀物補助	–	–	–	年金、2,400元/月
–	–	–	–	–
生活補助金、3,000元余	–	–	–	70元/月/人
–	–	–	–	–
–	–	–	–	–
–	–	–	–	–
–	4,800元	貸部屋、5万元/年	–	70元/月
1,200元	1,800元	–	–	–
–	–	–	–	70元/月/人
480元	700元	–	–	70元/月/人
280元	400元	–	–	70元/月/人
–	–	–	–	70元/月/人、合計1,680元
小麦・トウモロコシ125元/ムー	7,200元	–	–	100元/年/人
450元	5,000元	–	–	–
–	3,000元	–	1万元	70元/月/人、90歳以上170元/月/人
–	–	–	–	–
80	3,000元	–	–	–
–	3,300元	–	–	70元/月/人
180元	–	–	–	60歳以上有り
300元	–	–	–	70元/月/人元
110元/ムー	2,000元	–	–	–
528元	2,000元	–	7,000元/年	70元/月/人
120元/ムー/年	–	–	–	60歳以上70元/月
–	–	–	–	祖母、70元/月
–	4,000元	–	–	–
360元	–	–	4,000元前後	70元/月/人

表3-4　対象農家の収入概況

整理番号	2. 農業所得（収入）				
	①糧食（穀物）	②畜産	③果樹	④ハウス栽培	⑤その他（蔬菜・林業・水産等）
1	総収入3.2万元、純収入1.7万元	純収入7,000元	–	–	総収入6,000万元、純収入3,500元
2	総収入2,200元、純収入1,700元	–	–	–	総収入9,000元、純収入5,000元
3	総収入9,000元、純収入4,500元	–	–	–	–
4	–	–	–	–	総収入12万、純収入7万元
5	総収入4,000元、純収入3,000元	–	–	–	–
6	総収入21,000元、純収入10,000元余	–	–	–	–
7	–	–	–	–	–
8	総収入6,000元、純収入4,000元	–	–	–	蔬菜、純収入5,000元
9	総収入27,400元、純収入19,400元	–	–	–	蔬菜、純収入9,500元
10	総収入7,000元、純収入5,000元	–	–	–	白菜・ジャガイモ、純収入30,000元
11	–	–	–	–	–
12	総収入14,000元、純収入8,000元	–	–	–	–
13	–	–	–	–	–
14	総収入12,000元	–	総収入4,000元	–	–
15	総収入20,000元、純収入14,000元	–	–	–	–
16	–	–	–	–	–
17	純収入6,000元	–	–	総収入４万元、純収入２万元	バラ総収入９万元、純収入８万元
18	総収入5,000元、純収入2,500元	–	–	–	–
19	–	–	–	–	–
20	–	–	–	–	–
21	総収入1,000元、純収入600元	–	–	–	–
22	–	–	–	–	–
23	総収入2,400元、純収入1,200元	–	–	–	–
24	総収入2,000元、純収入1,000元	–	–	–	–
25	–	純収入7,000元	–	–	総収入3,000元
26	–	–	–	–	–
27	総収入2,000元、純収入1,000元	–	–	–	–
28	総収入3,600元、純収入2,000元	魚の養殖収入、3,000元	–	–	–
29	–	–	–	–	–
30	純収入2,400元	–	–	–	–

わせると一ムー当たり一二〇元ぐらいであり、農業機械への補助は、農家が大型機械を購入した際にのみ受けることができる。二〇〇四年から、中国政府が実施しはじめた農業補助政策は、食糧耕作面積を安定させ、食糧生産を増加させることに重要な促進作用をもたらした。しかし、中国の農業、農村の発展変化によって、農業の「三項目補助」政策の効果が薄れはじめた。二〇一五年から、農業補助政策にはまた新しい変化が現れ、中国政府は山東省を含む五つの省に対して農業「三項目補助」政策の改革試験地区を設定し、もともとの食糧耕作補助、優良品種補助、原材料総合補助の三項目を合わせて「農業支援保護補助」とした。補助目標を、農家に食糧生産を鼓舞することから、耕地地質の保護（化学肥料、農薬、マルチフィルムなどの原材料の投資を減らし、土壌汚染を減少させ、耕地の質を高める）と食糧を適切な規模で経営する（土地の流動化を加速させ、大規模化経営を発展させる）ことへと調整した。土地の賃貸料収入について、一部の農家が土地を賃貸し、一定の土地賃貸料を得られるようになった。対象地では、現在の土地賃貸料金は年間一ムー当たり八〇〇～一、〇〇〇元であり、ごく少数の農家が土地を直接親戚と近隣に無償で貸しているのもある。現在、中国の大部分の地域では、土地の賃貸料から得られる収入は比較的少なく、農業所得収入の主な財源にはなっていない。しかし、中国農業補助政策の調整と中国農業経営モデルの変化、および中国農村社会の構造変化にともない、中国農村の土地流動化が加速し、農業が適切な規模で経営するという傾向がすでに始まっており、中国農家の土地賃貸収入は大幅に増加するだろう。ないし、多くの農家のもっとも主要な農業所得となるだろう。

投資による収入

一般的な農家の投資による収入はかなり低く、子どもからの金銭的補助がそれぞれ異なり、養老補助の金額が比較的低い。投資による収入の面では、対象の農家の中で、一戸のみが投資による収入があり、主に家屋を賃貸して得ている収入であり、毎年およそ五万元の収入が得られている。中国の多くの農村地域では、農家の投資による収入はかなり低く、農家の家屋は基本的に自分の住居として使用されるものであり、一部の農家がたとえ家族全員で都市に移転しても、一般的に家屋を賃貸することはない。一方で、農村において家屋を貸借する需要はかなり低く、賃貸料金も低い。他方で、都市へ移転する農家は比較的経済条件がよく、「家と故郷を恋しがる」という感情から家屋を賃貸したがらない。

しかし、この現象が新型農村社区の建設につれて変化しており、一部の農家は社区で街道に面した商業用店舗を購入し、その中では自営業のためのものもあれば、賃貸料金を得るために購入するのもある。また一部の農家は、旧来の村での家屋と宅地がかなり多かったため、社区に移転後に得られる家屋も多く、そこで賃貸あるいは販売している。家屋を賃貸する以外、農家の貯蓄が比較的低いことに加え、基金、株、信託などの資本投資への理解が乏しいため、一般的に農家がその他の投資によって収入を得るのは難しい。

老親扶養

子どもからの金銭的補助の面では、農家間の差が大きい。子どもの経済的条件がよい農家の、子どもから親への金銭的支援は多い。子どもの経済的条件がよくない農家の、子どもからの金銭的支援は少なく、あるいは親からの支援を必要とする場合もある。対象地域では、正月あるいは親の誕生日などに、子どもから一定金額の金銭を渡すが、毎月に定額という形で親に金銭を渡しているのは少ない。この地域の老人は、いわゆる中国農村老人の典型的代表であり、非常に質素で、一般的に子どもから金銭をほしがらない。子どもがよりよい生活ができるようにと望むだけである。養老補助の面では、三〇戸の対象農家の中で、二戸の老人だけが城鎮住民の養老保険の待遇を受けており、その他の農家の老人が受けているのは、農村新型養老保険の待遇である。現在、中国の城鎮住民養老保険制度と農村住民養老保険制度はまだ合体していない。城鎮住民養老保険制度は、納入金額が高く、納入する年限も長いため、保障水準が比較的高い。農村住民養老保険制度は、開始したのが遅く、納入金額も低いため、保障水準も比較的低い。調査地では、六〇歳をこえた老人に対する現在の養老補助金額は一人当たり毎月七〇元であるが、年齢が高ければ高いほど補助金額が高くなり、九〇歳以上になると毎月一七〇元となる。城鎮住民に比べると、農村住民の養老補助金額は高くないけれども、重要な意義があり、中国政府が農村養老問題を重視していることを意味している。中国養老事業改革の進展につれて、農村住民の養老保険制度もやがて城鎮住民の養老保険制度と徐々に合体し、中国は都市と農村を統一した住民養老保険制度を実現するだろう。将来一定期間内に、中国農村住民の養老補助水準と保障水準が大幅に高まるだろう。

三　対象農家の農業以外の経営状況について

今回のアンケート調査では、対象農家の農業経営状況、農業経営収入とその他の収入状況以外に、対象農家の農業以外の就業状況、自営業経営、社区へ移転前後の変化などについての内容をも含めている。対象農家の全体状況を以下のようにまとめることができる。

農業以外の就業形態

農業以外の就業収入はすでに農家収入の主な収入源であり重要な支柱となっている。三〇戸の対象農家の中で、二一戸の農家が農業以外の就業に従事しており、全体農家の七〇パーセントを占めている。農業以外の就業形態は多種多様であり、一部は入居している社区で管理業に就いており、一部は社区の中でサービス業に従事しており、一部はその地域の企業で臨時雇いに従事し、一部は都市で出稼ぎしている。農業経営の所得と比べると、農業以外の就業所得は、労働報酬が比較的高い。このことは、現在中国経済発展の速度が速く、労働力価格が高騰していることと関係しており、農外就労の収入は農業収入よりはるかに高い。対象地は、山東省の縮図であり、現在山東省の多くの農村地域では老人が家で畑を耕し、子どもが学校に通い、二〇～五〇歳の間の青壮年労働力の多くが農外就労に従事しており、たとえ農業に従事しているものがいても兼業している。これらの中ですでにこの地域で就業している者もいれば、外地で就業している者もおり、要するにこの地域（県の範囲内）で就業している者が多い。このことは山東省の人口流動の一つの特徴であり、統計によれば、山東省の一、三〇〇万人流動人口の中で、半分以上が県域の範囲内で就業している。このことは、山東省の県域経済が比較的発展しており、大量の農業人口を吸収できるということである。他方でまた、深い文化的要因があることの現れである。山東省は儒教文化の発祥地であり、人々は、「住み慣れた土地を離れない」「親が健在の時には遠くへ離れない」などの伝統的文化の影響があるので、仕事の面でも生活の面でも故郷を離れたがらない。

自営業

自営業が日々多くなっていて、収入水準は比較的高く、農村の生産と生活の条件を改善する面でますます重要な役割を果たしている。三〇戸の対象農家のうち、自営業に従事しているのが九戸であり、全体農家の三〇パーセントを占めている。この割合は社区へ移転する前よりかなり高くなった。というのは、社区建設、特に集中居住が自営業に

22	息子と娘が平陰県城で臨時雇用、年収入５万元	–	穀物を乾燥させるのが便利になった	–	収入が上がった
23	世帯主が村の書記、年収入約２万元	–	–	–	–
24	–	–	–	–	–
25	–	2010年に５万元を投資し自営業、販売額８万元、純収入４万元	–	–	収入が上がった
26	–	2004年に息子と娘が自営業を始める、販売額10万元、純収入４万元	転居前は耕作していたが転居後に土地を賃貸	–	収入が大幅に上がった
27	世帯主が民兵で年収入1.5万元、娘がスーパーの臨時雇用で年収入１万元	2010年に息子が自営業を始める、純収入５－６万元	–	–	収入が上がったが、物価も上がった
28	夫が製薬会社に従事、契約労働者、年収入2.3万元。妻が村の婦女主任、年収入1.8万元	–	–	–	給料が上がった
29	対象者が建設業に従事、臨時工、年収入５万元	–	転居前は耕作していたが転居後に土地を賃貸	–	収入が少し減った
30	–	–	–	–	–

有利な条件を造り上げることができたからである。まず、集中居住後に人口規模が増加したため需要が多くなり、その次に、社区の中で商業街を建設するということで自営業の経営に場所が提供されることになり、最後に、社区の基礎施設が比較的整っており、特に外部と連絡する道路が整備されているため、自営業者が商品を仕入れ出荷するのに有利になった。

調査対象地の実際の状況からみると、自営業を経営している農家は、収入水準が他の農家よりはるかに高い。自営業の投資資金は一般的に農家自身の貯蓄であり、一部には銀行あるいは親戚・知人からローンを借りるという場合もある。自営業の規模は一般的に小さく、労働力は農家の世帯主、あるいは他の家族成員である、規模の大きい自営業経営店が人を雇う場合もある。自営業の業種は多いが、基本的に農業生産や農家生活と関係しており、たとえば種子・農業資材の売店、農産物の買い付け店、農業機械サービス店などの農業生産サービスに関わるものであり、また日用品店、農村スーパーマーケット、電化製品店、レストラン、理髪店、衣服店、ウェディングドレス撮影店などの農民の生活サービスに関わるも

表3-5　対象農家の農外経営状況について

整理番号	4. 農外就労	5. 自営業	6. 転居前後の変化		
			①農業経営	②農外就労と自営業	③収入面の変化
1	–	–	–	–	–
2	世帯主が本社区住民管理、臨時、年収入1.2万元	–	–	新たに社区建設管理	1.2万元の増加
3	世帯主が社区サービスに従事、年収入1.2万元	–	–	社区サービスに従事	1.2万元の増加
4	–	2010年に20万元を投資し自営業、販売額10万元、純収入５万元	–	転居前は運送業、転居後は建築業	–
5	対象者の年金、2400元/月	–	–	–	–
6	–	2009年に２万元を投資し自営業、販売額３万元、純収入1.5万元	–	–	–
7	–	–	–	–	–
8	–	1997年に30万元を投資し自営業、販売額30万、純収入４万元	–	–	–
9	世帯主が建築業に従事、臨時工、年収入２万元	–	転居前に牛と豚を飼育	–	畜産の収入が減る
10	–	–	–	–	–
11	–	夫が洋服店を経営、対象者が惣菜店を経営、年収入は共に６万元	転居後は土地を賃貸	–	–
12	対象者が炭素製造会社に従事、契約社員、年収入３万元	–	–	–	–
13	–	–	転居後は土地の賃貸を予定	–	–
14	対象者が北京で臨時雇用、年収入３万元	–	転居後は土地を村全体で賃貸	–	土地を賃貸して農業収入が減少
15	対象者が建設業に従事、年収入６万元	–	–	–	–
16	–	–	–	–	–
17	対象者が村の書記、年収入17,000元	–	転居後にハウス栽培を始める	–	–
18	夫が炭素製造会社に従事、契約社員、年収入３万元。妻が環境事業に従事、臨時工、年収入7,200元	–	転居後は土地が減少し鶏と羊を飼育できず	妻が農業従事から環境事業に変化	収入は増加した
19	–	–	耕地が遠くなったので転居後は土地を賃貸	–	–
20	–	1997年に夫婦で自営業、販売額25万、純収入10万元	元の耕地は転居後に放置	自営業は同業者が増えて困難になった	–
21	息子と娘が済南で臨時雇用、年収入5.5万元	2006年に自営業を始める、販売額20万元、純収入５万元	転居後は機械化のレベルが高くなった	掛売りが多いので自営業は困難	収入が上がった

のがある。これらの自営業がいるからこそ、農村の生活条件が根本から改善されているといってよく、特に生活の面では自営業が都市と農村の差を縮め、都市と農村の一体化発展に貢献している。

社区へ移転後の変化

農家それぞれの感想は異なるが、全体的に収入水準がやはり移転後高くなった。移転前後の変化ということは、比較的感覚的な問題であり、農家は多様な感想と回答を持っている。移転後、農業経営について二つの変化が見られた。一つは、近隣地で移転した農家の回答である。すなわち新社区の位置が旧来の村の位置にあるか、あるいはその近くにある農家は、その多くが移転前後の農業経営面では大きな変化がないと回答している。移転以前と同じように耕作できるが、ただ食糧と農機具を収納する場所が変化しただけとみている。その他には、家畜の飼育が前に比べると不便になったと回答している。もう一つは、異なる地域に移転した農家である。すなわち新社区が旧来の村落から遠くにあり、あるいはある程度の距離がある農家は、移転後の農業経営に大きな変化があると回答している。旧来の耕地から遠いため、多くの農家は耕地を他人に賃貸し、農業経営をしなくなった。

移転前後の農外就労と自営業について、農家それぞれの感想も異なる。社区内で就業した農家あるいは自営業をはじめた農家は、変化が大きいと感じている。社区に移転した後、一部の人々は新しい就業先に就き、自営業を始めた農家は社区内人口が多いため需要も増え、成功する機会が多いと考えているが、他方では業界間の競争が激しくなり、資金繰りの困難、掛け売りなどの問題を抱えている。社区外で就業した農家は、変化はあまりないと感じている。

移転前後の収入について、一部の農家は農業生産と畜産飼育、養殖に従事しなくなったため、農業収入が減少したと感じ、一部のもともと食糧生産だけに従事していた農家は、農業収入に変化がないと回答している。全体からみれば、農外就労と自営業に従事している農家が増えたことに加え、賃金水準が上昇したことにより、農家は一般的に移転後の総収入が移転前より高くなったと考えている。

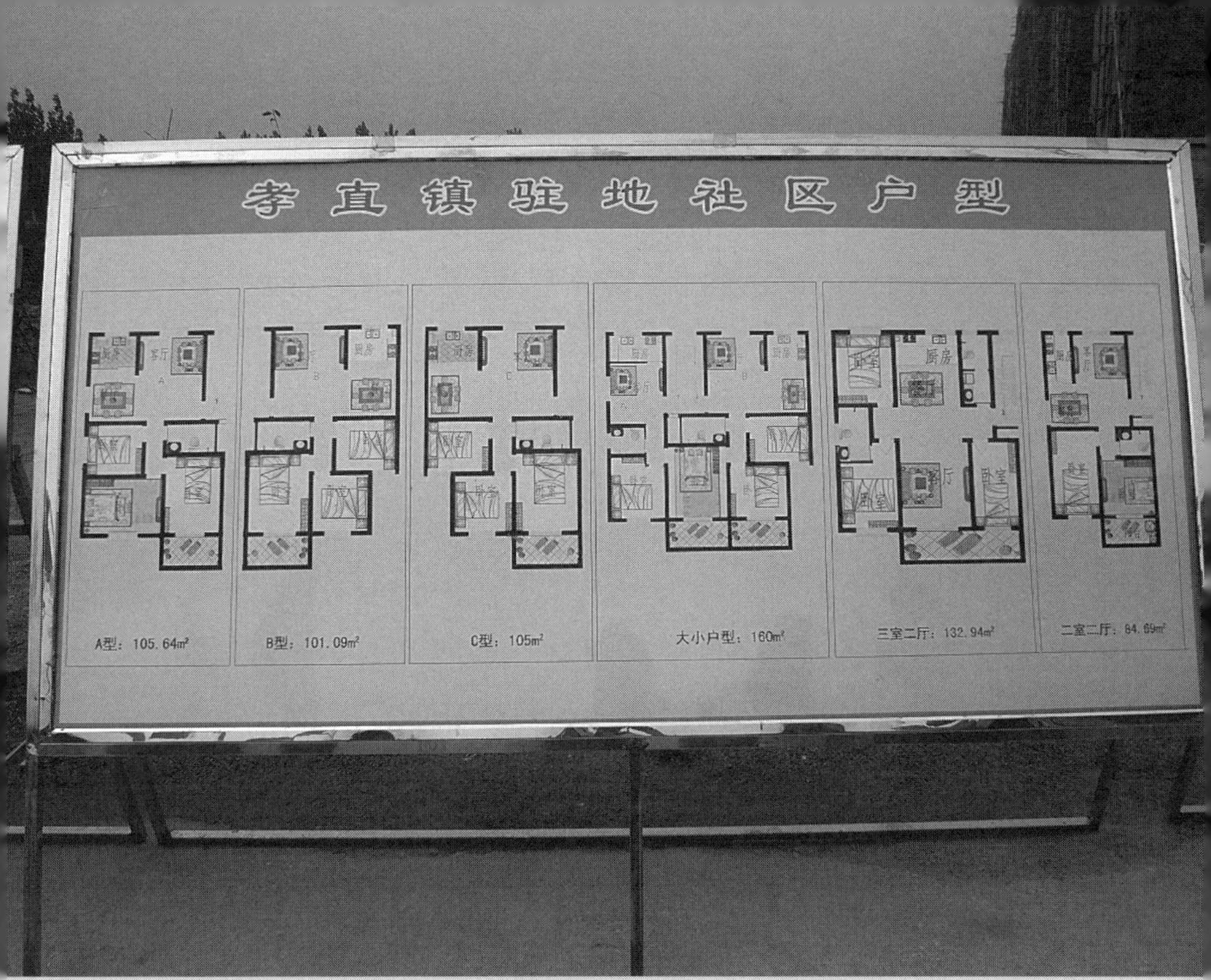

第四章

孝直鎮における農村社区化

徳川　直人

建築中の孝直鎮の新型農村社区で、戸別間取りを掲示したもの。居住面積が異なっていることがわかる。（2011年9月9日撮影）

第一節　孝直鎮の概況と農村社区化の現状

孝直鎮の概況

孝直鎮は孔村鎮の南に位置しており、平陰県政府のある中心街からはおよそ一五キロメートル南方にあたる。鎮中心部が工業区に指定されているが（図3-1）、全体としては孔村鎮とともに「二十万亩現代農業モデル区」に指定されていて（図3-2）、農村的な性質が強い。あらく見渡すと、東部に野菜を含む農業、中心部に若干の工業、西部の丘陵地帯に果樹や林業を含む農業と観光といった産業構造となる。

対象となった「丁屯中心社区」と「展洼中心社区」は鎮の東端に位置しており、ほぼ平坦な立地に河川があって水にも恵まれており、農業が維持されている。

孝直鎮には行政村が六四あり、総農家戸数がおよそ四一〇〇だった。これを、一つの「駐地社区」、八つの「中心社区」、四つの「基層社区」に再編する（図4-1参照）。二〇一一年九月、その駐地社区、および、中心社区の一つである「丁屯中心社区」を訪問した。

駐地社区は、二〇一〇年に着工、二〇一四年に竣工の予定である。

社区が建設されている土地はもと耕地だった。そこへ移住した後、旧村の宅地だったところを耕地に転換してゆく。移住後の集合住宅は六階建てで、平面的に広がっていた村をいわば縦に集中させるので、結果的に利用可能な土地はむしろ増えることになる。これは、耕地を減らさないという中央政府の政策的指導に応えたものであると同時に、耕地の拡大ないしは耕地以外の利用についての可能性をひらくものである。この増加分に対しては政府の都市建設費用か

図4−1　孝直鎮の社区化計画

備考：2011年の現地資料から著者作成。

ら助成金が支出される。

社区の中心部には、幼稚園、スーパーマーケット、ガソリンスタンドなどを集中的に配置するので、住民にとっての利便性も高まる。鎮で一つの中学校は、この駐地社区内に建設が予定されている。病院は県の病院が隣接する。

古い住居をとりこわすとき、その費用の四割から五割、また、新しい住居への入居にあたって多少、農家の自己負担が発生する。古い村はすべてなくなる。村民は、移住後、農業を続けることもできるし、兼業もできるというように、選択することができる。どの社区に入るかも、選択することができる。

六階建ての集合住宅の一階部分は車庫や倉庫になるので、農業を続ける場合にはそこが農機倉庫ともなる。丁屯中心社区周辺では、七万ムーの農地で、基幹となるトウモロコシをはじめ、ジャガイモ、白菜などの野菜づくりもさかんにおこなわれ、野菜は年に三回の収穫が得られている。

訪問時には、その倉庫の前や棟と棟のあいだの通路などに農村的習慣が持ち込まれている風景を見ることができた（写真4−1、4−2）。天日干しは収穫期の農村の公道においてもよく見られた風景である。ただし、それがここでは通行の妨げになるのであろうか、あるいは、新しい都市的生活様式の理念にそぐわない古い慣習だと感じられるのであろうか、インタビューではこれへの違和感を表明する人もあった。回答例としては少数だが、こうした農村的習慣についての文化的葛藤が生じている点については留意しておいてよいだろう。

集合住宅の横並びの棟は二階部分でつながっており、たがいに行き来しやすい配慮をほどこしている（写真4−

写真4−1、4−2　孝直鎮丁屯中心社区

都市化が進みつつも、倉庫前や通路に農村的習慣が持ち込まれている。

写真4−3　建築中の孝直鎮丁屯中心社区

一階は倉庫、二階部分で棟と棟とがつながれている。

3)。移転にともなう住民の孤立を避けるためであろう。

インフォーマント・インタビュー

完成したところから入居が始まっており、その一戸を訪問することができた。世帯主夫婦と長男夫婦からなる四人家族。回答者は世帯主の妻である。

《事例1》

世帯主夫婦がともに四八歳、長男夫婦がともに二四歳。

四人家族といっても、長男は済南でエアコン施設の仕事に就き、そこで夫婦で生活しているので、この集合住宅にいま住んでいるのは世帯主夫婦の二人である。長男夫婦はいずれ済南にマンションを構えるつもりでいる。正月に戻ってくる程度だが、いまも稼ぎの一部を入れてくれている。もし孫ができたら自分が世話にゆくつもりでいる。そういう役割に今も昔もそう変わりはない。

夫もやはり済南で出稼ぎ中。鉄管製造会社にバイクで毎日通っている。

集合住宅内の一家分の区画は一六六平方メートル、そのうち住まいは九六平方メートルで、あとは倉庫と物置である。間取りは寝室が二間、客間が二間に、あとはキッチンとトイレ（シャワールーム・洗濯室を兼ねる）である（提供されている住居のタイプとしては最も小型の「二室二庁」の一種だろうか。参考写真4-4)。

家の広さ自体は旧家のほうが広かった。旧家は夫が建てた家で、煉瓦造り。一七〜八年はそこに住んでいた。そこに一生住むものとばかり思っていた。土作りだった生家から数えて三つ目の家になる。

長男が結婚するときテレビや冷蔵庫を買った。冷蔵庫は初めてのものではなく買い換えだった。ソファーやテーブルは旧家からそのまま持ってきた。

この集合住宅には二〇一一年五月に隣近所と一緒に入居してきた。移転にあたっての自己負担は七万元だった。前に住んでいた「丁屯村」からここへはおよそ一キロメートル。ここは「丁屯新村」だと感じている。もっとも、旧村よりはここのほうがよい。生活が便利になったし、トイレもいい。農具も倉庫に入っているので雨でも濡れなくて済むようになった。

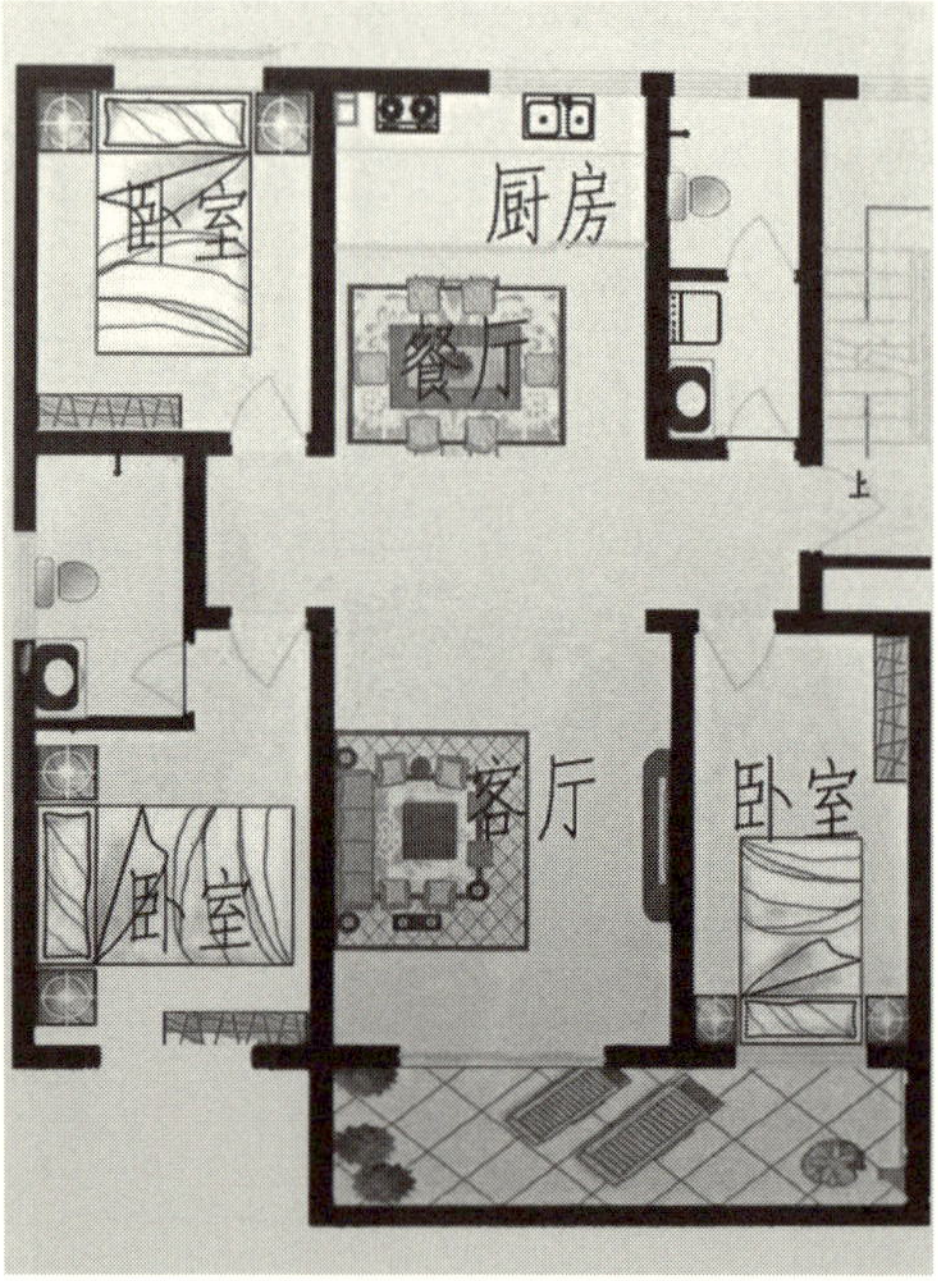

写真4-4　孝直鎮丁屯中心社区　間取りの一例
「三室二庁」（132.94㎡）タイプ。
他に、A型（105.64㎡）・B型（101.09㎡）・C型（105㎡）・大小戸型（160㎡）・二室二庁の各タイプが提供されている。

いまは畑三ムーを保有し、香菜と白菜を年に三回収穫している。麦は購入している。その畑作がいまは趣味のようなもの。ジャガイモや白菜の出荷時など、多忙な時期には人を雇い、機械が必要なときは夫がそれを担う。農作業が手空きのときに、近所づきあいとかお茶飲みづきあいをしている。

嫁は肥城市の出身で、中卒のあと雇われて衣服の販売に従事していた。だから畑仕事の経験はない。家事はできるが畑仕事はいやがる。

この事例では、社区への移住がただちに農業からの離脱を促したわけではないが、若い世代を中心に既に農業離れ＝農村離れが進んでいた。そのように別居が進んでも、息子は収入の一部を送りつづけているし、都市に移動した息子に子供（彼女から見て孫）ができれば、祖母にあたる回答者が都市に移動して世話にあたるつもりでいる。そのとき、この事例では、たとえ「趣味」的程度のものであっても維持されていた農業の日常的な担い手が不足することになろう。

すでに済南に出た子供世代はそこにマンションを購入するつもりでおり、そうなればかれらをUターンさせるのは難しいと思われる。少なくとも居室のタイプとして、二世代が同居することを想定していないだろう。この場合、社区は農村に残留した親世代の当面の居場所という性質を帯びることになる。社区内には広いタイプの住居も提供されているが、今後、基幹的な稼ぎ手に対して社区から通勤できる就業機会を創出できるかどうかが、社区で一世代以上の継続的居住がなされるかどうかを左右するのではないだろうか。

加えて、移転が個々の農家にとってどのようなライフステージ上のタイミングでおこなわれたのかによって、その生活実態が大きく異なっているように思われる。以下にみる質問紙調査の結果にもそのことが表れているだろう。

第二節　面接調査結果から

丁屯中心社区

「丁屯中心社区」は、周辺六村、一三四四戸、五三一一人を再編してつくられる。社区内には小学校も敬老院（老人ホーム）もつくる。鎮の東端近くにあり、野菜を含む農業が盛んである。村民は必要に応じて企業勤めと畑を組み

表4-1　丁屯中心社区　対象者の家族状況

整理番号	世帯主				妻				同居家族1			
	世代	学歴	戸籍	就業先	世代	学歴	戸籍	就業先	続柄	世代	学歴	就業先
7	B	無	農村	農業	B	無	農村	農業				
6	C	小学校	農村	…	D	小学校	農村	…				
10	E	高校	農村	農業	E	高校	農村	農業				
8	E	中学校	農村	農業・野菜販売	E	中学校	農村	農業	娘	H	就学中	小学生
9	E	小学校	農村	農業・アルバイト	E	中学校	農村	農業・女性主任	娘	H	高校	高校生

整理番号	同居家族2				別居家族1				
	続柄	世代	学歴	就業先	続柄	既婚・未婚	世代	学歴	就業先
7									
6					息子	未婚	G	専門学校	…
10					息子	未婚	G	技術学校	新汶鉱業局・翟鎮炭鉱
8	娘	H	就学中	中学生					
9	娘	H	中学校	中学生					

備考：世代は次の生年の区分によって分類した。
1926～1935年：A　1936～1945年：B　1946～1955年：C　1956～1965年：D
1966～1975年：E　1976～1985年：F　1986～1995年：G　1996～2005年：H

合わせることができる。

五戸が対象となった。その概況を見てみよう。家族の世代別構成は表4-1のようになっている。同居者・別居者の一覧を、世帯主の年代順に配列したものである。

整理番号7は五保戸（生活保護）の状況にあって回答者も語りづらい様子であった。確かな回答が得られていないので、ここでは除いておく。残った四戸のうち、世帯主夫婦がC・D世代（一九四六～一九六五年の生）の6番、および、E世代（一九六六～一九七五年の生）のうちでも年齢の高い10番では、夫婦のみの世帯となっており、専門学校や技術学校を出た息子が他出している。これより若い年代のE世代である8番・9番では、まだ就学中の子どもたちと四人の家族構成となっている。つまり、ここに見られるパターンは、「高齢化しつつある夫婦二人＋他出子」、および、「比較的若年の夫婦二人＋就学中の子」という、二つである。

いずれも農業は継続されている。すなわち、表4-2に見るように、賃借地を含む七～八ムーの耕地でトウモロコシに白菜・ジャガイモを組み合わせている。作業者はほぼ世帯主夫婦

表4-2　丁屯中心社区　対象者の就業・収入状況

整理番号	耕地面積				穀類				その他			
	耕地面積	借地面積	貸出面積	合計	農作物	作付面積	作業者	販売高	種類	面積	作業者	販売高
7				0								
6	5	2		7	トウモロコシ	3	世帯主	1,320	ジャガイモ	7		8,000
10	4	4		8	トウモロコシ	8	夫婦二人	7,000	ジャガイモ 白菜	8 8	夫婦二人	30,000
8	3	5	0	8	トウモロコシ	8	夫婦二人 繁忙期雇用	6,000	白菜 ジャガイモ	8 8	夫婦二人	32,000
9	4.4	3		7.4	トウモロコシ	7.4	夫婦二人	7,400	白菜 ジャガイモ	7.4 7.4	夫婦二人	30,000

整理番号	農業収入合計	政府手当	養老手当	農外収入		個人経営収入	収入合計	備考
				年収	所得者・収入源			
7			1,680				–	五保戸
6	9,320	0	0			15,000	24,320	
10	37,000	960	0			0	37,960	
8	38,000	0	0			40,000	78,000	
9	37,400	250		20,000	世帯主の建築パート		57,650	牛・豚をやめた

備考：表4-1に合わせて世帯主の年代順に配列してある。

二人である。しかし、年代が少し上の6番は作付面積・売り上げともに他の対象者よりも少なくなっている。六〇歳代にさしかかって手を引き始めているのであろう。これに対して、就学中の子が同居している8番・9番の場合、世帯主夫婦は、農業に加えて、それ以外の就業先を持っている。就学中の子がいる場合、その生活費や教育費も必要であろうし、他出子がまだ若く未婚である場合にはその住宅購入の費用が考慮に入れられている場合もある。親もまだ働き盛りの年代である。その労働力の燃焼が、農業の拡大という形ではなく、農外収入を求めるという形で実現されているわけである。

以下、それぞれを事例ごとに見てゆこう。基本的に質問紙における回答の記録を書き起こしたものだが、［ ］内部は不明点などについての筆者補注である。

《事例1》　高齢の世帯主夫婦二人＋他出子（整理番号6）

回答者は世帯主の妻。

①家族状況

世帯主夫婦はともに一九五〇年代の生まれ（夫五九歳、妻五五歳)、農村戸籍で、小学校卒業という学歴である。世帯主の移住前の居所は丁屯村で、そこで生まれ育った。六人きょうだいの五番目だった。妻は同じ村の出身、紹介を通じて知り合い、一九八二年に結婚した。一九八〇年代後半生まれで未婚の息子(二六歳)が他出している。

②仕事の状況

一人あたり一ムーの割り当てが五人分、つまり五ムーある[先の夫婦と息子の三人以外に家族員が二人いることになるが、不明]。これに賃借の二ムーを加えた七ムーが現在の耕地である。トウモロコシ三ムー、ジャガイモ三ムーを、日頃は世帯主妻が担っている。両者の売り上げから手元に一万元程度が残る。二〇〇九年に二万元の投資で始めた自営業が年に一・五万元となる。

③住宅と移転の状況

二〇一一年五月に移転した。村全体としてではなく、分散しての移転だった。自由意志ではあるが、元の土地がなくなる以上、引っ越さざるを得なかった。

住居に十万元、その他に二・六万元が必要だった。貯金と親戚からの借金でまかなった。得られた手当は三万元だった。すこし少ないと思う。

引っ越し前は三三〇平方メートルくらいの平屋だったが、いまは一六〇平方メートルの区画に入居している。農業や就業状況に移転の前後で変化はない。

生活条件は良くなった。最初のうちは慣れなかったが、慣れてきた。

④生活の状況

買い物は夫婦のどちらが行くとも決まっていない。時間があるほうが行く。料理、洗濯、片付けなどは世帯主妻の担当。大事なことは相談して決めている。

引っ越し前の近隣とはいまもつきあいがあり、雑談やトランプなどの娯楽でつながっている。親類とは引っ越し前後も同様につきあっている。他方、引っ越し後にできた知り合いというのはいない。

店子村にある診療所へ看病に通っている。買い物は社区近くのスーパーでしている。日常的な消費は二〜三倍に増えた。

息子には早く結婚してほしい。子供の学歴について特に考えはない。結婚したら自分と一緒に暮らしてほしいが、子供は家にとどまらない。年をとったとき、息子の負担となってはいけないので、同居は望まない。しかし、自分の両親について老人ホームに入れることには賛成できない。
⑤生活意識
一番大事なのは夫婦の健康と、息子の結婚。これからのことなら、農地をめぐる変化による経済的問題について心配している。県には医療機関を作ってもらいたい。

平陰県については、とくに感じるところがない。

《事例2》　世帯主夫婦二人＋他出子（整理番号10）

回答者は世帯主本人。
①家族状況
一九六〇年代後半生まれの世帯主夫婦（夫四八歳、妻四六歳）。一九九〇年代生まれの息子（二一歳、未婚）が他出している。

世帯主の出身は丁屯村。兄弟姉妹七人の一番下だった。妻は鎮内の西張村（丁屯村から四キロ）出身で、紹介により一九九〇年に結婚した。

引っ越し前後で同居家族の構成に変化はない。

②仕事の状況

一人あたり一・三ムーの割り当てが三人分あり、およそ四ムー。これに賃借地四ムーを加えた八ムーでトウモロコシを作付けしている。収穫量は三三〇〇キログラムで、売り上げが七〇〇〇元。その八ムーにジャガイモと白菜も植え、不安定だがその売り上げが五万元ほどになる。そのうち三万元くらいが残る。移転前後でこの内容に変化はない。

いまのところ、これ以外の収入源はない。以前、済南で道路建設の仕事に従事したことがあるが、今は退いている。しかし未婚の息子の将来を考えると、その住宅を購入するための収入がほしいところである。

③住宅と移転の状況

移転前は古い土の家で一二〇平方メートルほど。居室が四つに付属部屋が四つあった。現在は九六平方メートルの区画に、居室三、客間一、ＤＫ一という間取りとなる。

移転は二〇一二年五月。村全体としての引っ越しだった。新しい住居の購入費が九万元、内装と家具などに三万二千元使った。資金は貯金と借金だった。手当は三万元。

全体としては前よりも良くなったと思う。けれども生活費も増えた。

④生活の状況

大切なことについては相談で決める。

買い物は主として世帯主が担当。料理、洗濯、片付けなどは夫婦一緒におこなう。移転前後でこれに変化はない。

旧村での近隣とはいまも雑談やトランプで交流している。親戚とのつきあいも続いており、節句などに交際している。

現在、診療は社区の衛生所で受ける。買い物も社区のショッピングセンターでしている。

娯楽はテレビ、雑談、トランプなどだが、移転後にはこれにネットが加わった。日常的な生活費としては、電気料、ガス料、ネット料が以前よりも増加した。

息子については、外でちゃんと働いて、早く自分の家庭を持つよう期待している。外で仕事をしているので一緒に住むのは無理だろう。将来も、自分が大丈夫だったら、できるだけ各自で住む現状を維持したい。老後も身辺のことはできるだけ自分で解決して子供に迷惑をかけないようにするのがよいが、しかし、経済的に困った場合には子供からの援助がほしいと思う。老人ホームについては感心しない。それよりは子供と一緒にいたいと思う。こういう考えに移転前後で変化はない。

いま最も大きな課題は、子供の住宅の問題。

⑤生活意識

家族が全員、安全で健康であるように願っている。これからもそれに変わりはない。施設としては、暖房（スチーム）の実現を望んでいる。農業ではビニールハウスをもっとやりたい。村の幹部には満足している。みな責任感をもって努力を重ねてほしい。平陰県の社区建設は他の地区よりも速いと思う。

両事例において最大の課題となっていたのは他出した未婚の息子の結婚、その前提となる住宅の購入であった。整理番号10の農家では、そのためでもあろう、外での仕事から身を引いた世帯主が農業の手を広げようとしている。

将来的な同居は見込まれていない。つまり、これらの事例において世帯主夫婦は二人のままこの集合住宅で高齢化してゆくことになる。それで老後の生活についての不安も忍び寄ってきている。子供に迷惑をかけたくはないが、しかし敬老院には消極的であって、だからできるだけ健康を保つことが大きな願いとなっている。

高齢の夫婦二人で、収入源がなくなってしまったのが整理番号7の事例である。

《事例3》　高齢夫婦二人（整理番号7）

五保戸（生活保護）世帯であって、家族関係や収入等については回答がなされていない。回答者は世帯主夫婦。

①家族状況

一九三〇年代生まれの夫婦（夫七八歳、妻七七歳）二人で暮らしている。世帯主の出身は丁屯村。兄弟姉妹はすべて亡くなっている。妻は東隣の肥城市桃源鎮の出身で、四人きょうだいの一番上。同郷の人の紹介で一九六〇年に結婚した。

妻が慢性病をわずらっている。

夫婦ともに教育歴がない（しかしインタビュー担当者によれば世帯主の「言葉遣いや振る舞いは教育を受けた知識人のよう」だったという）。

②仕事の状況

現在、農地は持っていない。養老手当が月に一人あたり七〇元出ている。その他、軍人手当（かつて六年勤めた）が毎月三〇〇元。生活保護の小麦と現金を支給されている。

③住宅と移転の状況

二〇一一年五月に移転。村全体として引っ越したが、移転は自分の意志だった。

引っ越し費用は一万元未満だった。旧宅評価の三万元を得た。もとの農地が社区建設用地となったので、旧村の再開発までのあいだ、一ムーあたり三千元の手当がある。

ここは雨漏りの心配もないし、生活環境がよくなった。が、住居はかつてより狭くなった。旧宅は平屋で二〇〇平方メートルほどあったが、いまは四八平方メートルしかない［住居タイプとして変則的］。平屋のほうが動きも自由でゆとりがある。

旧村の近隣とはまだ交際している。くじ引きで新宅を決めたので集中してはいない。新しくできた近隣もある。自分はよい手本になるよう心がけているが、冠婚葬祭などの時、あまり式場には出ない。

妻がきょうだいの一番上なので、節句などに下のきょうだいたちが訪ねてくる。親族との関係に移転前後で変化はない。

移転前、診療は旧村や隣村の衛生室、店子衛生室、平陰病院などで受けていた。いまは社区の衛生室、店子の衛生室（二・五キロメートルの距離）、平陰県病院（一〇キロメートルの距離）で受けている。

買い物は旧村の商店や村の購買組合から社区の商店に変わった。日常的な消費がかつてより多くなった。

娯楽はテレビと読書など。

④生活の状況

現在の最大の困難は、日常的な費用。生活は、維持できれば、このままでもよい。村は関心をもってくれ、幹部がお見舞いにきたり病院まで送ってくれたこともある。

⑤生活意識

とくに生きがいというものははっきり持っていない。健康で、周囲との交際が愉快であれば十分だと思っている。県や鎮について特に要望はないが、社区から県までのバスがあればよいと思う。

妻が慢性病ということもあり、経済的には生活困難が生じている。敬老院は二人を入所させようとしたが、それよりは自宅での生活を望んだ。このように老後も敬老院より自宅を選択する例が増えてゆくとしたら、施設化よりも在宅での自立生活支援や介護サービスなどの需要が増えてゆくことになろう。

二人暮らしの世帯でも、きょうだい関係があることと、旧村での近隣関係が解消されていないので、孤立は避けられているようだ。今後、旧村での近隣関係がどこまで維持されるのか、また、移転後の集合住宅内でどのような関係が発生するのかは、継続的な研究課題である。さらには、今後、きょうだいの少ない世代が高齢化していった場合、親類関係などにも変化が生じるのではないだろうか。

次には、これよりも若い二つの事例を見てみよう。

《事例4》 世帯主夫婦＋就学中の子（整理番号8）

回答者は世帯主。

①家族状況

一九七〇年代生まれの世帯主夫婦（夫四〇歳、妻三九歳）と、小学生・中学生の娘二人の合計四名。

世帯主は丁屯村の出身。五人きょうだいの上から二番目だった。妻は鎮内近隣の白庄村出身。紹介により一九九七年に結婚した。

引っ越し前後で家族構成に変化はない。

②仕事の状況

一人あたり一ムーの三人分と、賃借地五ムーを加え、八ムーでトウモロコシ、ジャガイモ、白菜を栽培している。担い手は夫婦二人だが、繁忙期には人を雇っている。合計で三万八千元ほどの収入になる。これのほかに（内容は確認できていないが）一九九七年に始めた個人経営があり、年間四万元の収入となっている。移転前後にこれに変化はない。

③住宅と移転の状況

二〇一一年七月に移転。分散して各自で引っ越した。うちは自由意志で移転した。引っ越し資金は自分で解決した。手当として三万元、旧宅の代価として三・一万元が入った。

ガスがきて状況が良くなった。

不満といえば、社区内で勝手に穀物を干している人がいること。

④生活の状況

重要なことを最終的に決定するのは世帯主。買い物も主に世帯主。子供の面倒、料理、洗濯、片付けなどは世帯主妻がおこなっている。

引っ越し前の近隣とはいまも交際しており、相互訪問して助け合っている。入居後、新しくできた仲良い近隣もある。親戚づきあいに変化はない。

診察は社区の衛生室で受け、買い物は代理販売店とスーパーでしている。

娯楽はテレビ、雑談、読書など。

移転後には消費が増え、水道料、電気料、ガス料が全部増えた。

子供にはちゃんと学業に専念してほしい。学歴は高ければ高いほどよい。

子供が結婚したら自分と一緒に生活してほしいが、自分が年をとったら同居は望まない。現在、世帯主の親世代は自分で生活できており、ちょっとしたことは妻が支えている。経済的には世帯主が支えている。両親を老人ホームにいれることは考えていない。

いま最大の課題はいかに稼ぐかということ。
⑤生活意識
子供の就学がこれまでもこれからも生きがい。理想はもっと農地を請け負い、専門の合作社を作って大規模に展開すること。お金持ちの生活ができること。

県にはバスの開通をしてほしい。社区には街灯がないので解決してほしい。村の外の道路も修理してほしい。平陰県には一定の魅力があると思う。ここ三年ほどの変化が大きく、建設による変化が著しい。

《事例5》　世帯主夫婦＋就学中の子（整理番号9）

回答者は世帯主夫婦の二人。
①家族状況
四〇歳代の世帯主夫婦（夫四〇歳、妻四四歳）と、中学生、高校生の娘二人の合計四人が同居している。

世帯主は鎮内の江庄村（丁屯の隣村）で生まれ育ち、三人きょうだいの上から二番目だった。妻は鎮内の焦柳沟村（丁屯から六キロほど西の川向こう）の出身。姉妹四人の一番下だった。紹介により一九九五年に結婚した。移転前後に家族構成の変化はない。

②仕事の状況

四・四ムーの割り当て地と賃借地三ムーを加えた七・四ムーにトウモロコシを植え、さらに白菜・ジャガイモを栽培している。担い手は夫婦二人。売り上げが白菜一万元、ジャガイモ二万元となり、手元に九五〇〇元、一万五千元が残る。トウモロコシは七四〇〇元の売り上げで四四〇〇元が収入となる。以前は牛と豚を飼っていたが、移転にともなってやめた。その分、収入が減った。

世帯主が建築業の臨時雇いで年間二万元の収入を得ている。

③住宅と移転の状況

ここへは二〇一二年七月に移転してきた。旧村の二〇〇人ほどが何回かに分散して引っ越しとなった。うちはその最初の一三～一四戸の一戸。前の村は小さくて生活や交通も不便なので、自分の意志で移転を望んだ。

旧宅の評価が四・二万元となり、政府からの手当が三万元あった。自己資金は貯金の五万元だった。手当には満足している。

ここへ来て、学校が近くなり、子供の通学が便利になった。衛生環境もよい。不便なところはほとんどない。

④生活の状況

重要なことは夫婦二人で相談して決めている。買い物、子供の面倒は妻の担当。家事分担に移転前後で変化はない。

旧村の村民は社区内の一つの集合住宅に集中していて、近隣関係が持続している。加えて、新しい近隣もできた。雑談やトランプ、助け合いなどでつながっている。親戚づきあいや親族との関係に移転前後で変化はない。

以前は少し遠い病院に行っていたが、いまは社区の医療室で診察を受ける。

買い物は［社区の］スーパーでしている。日常の消費は前より多くなった。買い物が便利になった。娯楽はテレビ、雑談、トランプなどだが、ここに来て広場で散歩もするようになった。

子供の学歴は高ければ高いほどよい。大学まで行って、観光管理を学んでほしい。

世帯主としては、子供が結婚しても、また自分の老後も、自分で生活しようと考えている。現在、世帯主の親は、日常の小さなことは自分でなんとかできるし、経済的なことは世帯主の兄が支えている。日常的な消費は世帯主と弟が担当している。自分の両親については老人ホームよりもできるだけ一緒に暮らしたいと思う。考え方に移転前後で変化はない。

いま特に課題というものはない。
⑤生活意識
いま一番重視しているのは子供の教育。娘にはちゃんと学習してほしい。県には、交通状況を改善してほしいとは思う。県と店子［中心社区］とのバスの便数を増やしてほしい。また、体育の施設をもっと設置してほしい。

農業は年をとったら貸し出すつもりでいる。そのとき、社区内に小さい野菜加工場を作ってほしい。そうすればそこでアルバイトできる。

村の幹部に期待することは投資者を探して工場を作ること。

平陰県は、近年の変化が大きなところだと思う。

両事例においては子供の学業が第一の関心事となっていると同時に、高学歴への志向が生じているのがわかる。

表4-3　孝直鎮展注中心社区　対象者の家族状況

整理番号	世帯主				妻				同居家族1				
	世代	学歴	戸籍	就業先	世代	学歴	戸籍	就業先	続柄	世代	学歴	戸籍	就業先
2	C	小学校	都市	肥城鉱業局（定年）	C	小学校	農村	農業					
5	C	専門学校	都市	孝直鎮獣医所（定年）	D	小学校	農村	農業	母	B	無	農村	…
1	C	小学校	農村	社区管理部門	D	中学校	…	農業	三男	G	大学	都市	空軍
3	C	高校	農村	農業・村主任	C	小学校	農村	農業					
4	E	中学校	都市	…	E	中学校	農村	…	父	…	…	…	…

整理番号	同居家族2					別居家族1					
	続柄	世代	学歴	戸籍	就業先	続柄	既婚・未婚	世代	学歴	戸籍	就業先
2						娘	既婚	F	中学校	農村	農業（柳灘村）
5						息子	既婚	F	専門学校	都市	孝直鎮土地管理所
1	嫁	G	高校	農村	農業	長男	既婚	E	大学	都市	山東建築検査会社
3						娘	既婚	E	中学校	農村	農業
4	母		…	…	…						

整理番号	別居家族2						別居家族3					
	続柄	既婚・未婚	世代	学歴	戸籍	就業先	続柄	既婚・未婚	世代	学歴	戸籍	就業先
2	娘	既婚	F	中学校	農村	農業（本村）						
5	嫁		F	専門学校	都市	平陰人壽保険						
1	次男	未婚	F	中学校	農村	内モンゴルの会社						
3	娘	既婚	E	中学校	農村	農業（後店子村）	娘	未婚	F	中学校	農村	可鍛鋳工場
4												

備考：世代の記号は表4-1と同じ。世代の上から順に配列。

結婚後にも同居を望んでいるが、子供に迷惑をかけたくないという思いから、自分たちは独立した生活を送ることができるように、いまからその経済について考えており、農業の拡大や事業化について積極的であるか、あるいは外での雇用からの稼ぎを得ている。今後の農業については、合作社による耕作や野菜加工工場の設置、そこに一線を退いた高齢者や企業勤めに主軸を置こうとする個人の兼業先を創出するという展望が描き出されている。これは確かにありうる可能性であろう。その現実性や担い手像は今後の研究課題である。

展注中心社区

「展注中心社区」は、鎮の南東部にあって、農業を主体とする地域である。対象者の概況を表4−3および表4−4によって見ると、世代としては五戸中四戸（整理番号1・2・

表4-4　孝直鎮展洼中心社区　対象者の就業・収入状況

整理番号	耕地面積				穀類				畜産			
	耕地面積	借地面積	貸出面積	合計	農作物	作付面積	作業者	販売高	種類	数	作業者	販売高
2	2.5	0	0	2.5	トウモロコシ	2.5	妻と娘婿	2,200				
5	1.9	2		3.9	トウモロコシ	3.9	妻と暇のある家族	4,000				
1	16	0	0	16	小麦 トウモロコシ	5 6	夫婦二人	10,000	牛	4	世帯主	10,000
3	4.8			4.8	小麦 トウモロコシ	4.8 4.8	夫婦二人	9,000				
4	5	20	2	23	小麦	4	嫁	…				

整理番号	その他				農業収入合計
	種類	面積	作業者	販売高	
2	白菜 ジャガイモ	2.5	妻、娘婿、娘	10,000	12,200
5					4,000
1	白菜 ジャガイモ バラ	7 7 3.5	人を雇う	32,000	52,000
3	…	…	…	70,000	79,000
4	苗木	15		70,000	70,000

整理番号	政府手当	貸し出し所得	財産的所得	子供から	養老手当	農外収入		個人経営収入	収入合計
						年収	所得者・収入源		
2	300				36,000	12,000	世帯主・社区管理パート	0	60,506
5	種子					28,800	世帯主・年金		32,807
1	1,000	0	0	0	840				53,849
3	648				1,680	12,000	世帯主・社区業務		93,338
4		1,200	0	0	1,680	50,000	世帯主・個人経営（建築）		122,888

備考：世代の記号は表4-1と同じ。世代の上から順に配列。

3・5）がC世代（一九四六～一九五五年生）の世帯主で、これら四戸に就学中の子はもうおらず、年代E（一九六六年～一九七五年生）～F（一九七六年～一九八五年生）の子世代のほぼすべてが他出している（例外は整理番号1で三男夫婦が同居との回答だが、その三男の就業先が空軍とのことなので、日常的な生活実態を伴うものとは想像しがたい）。

このC世代四戸の世帯主はいずれも農業以外に就業先をかつて持っていたか今も持っており、うち二人は都市戸籍で（整理番号2・5）、この二戸の場合、世帯主は就業先からすでに引退しており、農業部門は妻に依存している。残りの二戸のうち、一戸（整理番号1）は、世帯主が担い手となって畜産にとりくみ、雇用労働力を得ながら野菜やバラにも取り組むという多角経営となっている。もう一戸は、農業には積極的ではないが村主任であり、社区業務から収入を得ている。
つまり、「都市戸籍・引退済みの世帯主」で、農業はあるけれどもそれに対する依存率が低いのが整理番号2・5である。整理番号3の村幹部の例もこれに近かろう。これに対して、「農村戸籍・世帯主が農業多角化」の事例が整理番号1である。相対的に若い一戸（整理番号4）は、都市戸籍で個人経営に取り組みつつ借地によって苗木栽培にとりくんでいる。いわば「都市戸籍で個人経営＋借地農業」の事例である。以下、その順に見てゆこう。

《事例1》　都市戸籍・引退済みの世帯主（整理番号2）

回答者は世帯主夫婦。

①家族状況

世帯主夫婦（夫六五歳、妻六二歳）の二人暮らし。世帯主はかつて隣接する肥城市の鉱業局に勤めていたがすでに定年で引退している。

中卒の娘二人（三八歳、三三歳）が他出。いずれも既婚で、それぞれ、柳灘村（およそ五キロの距離）、本村で、農業に従事している。

世帯主の出身は近隣の西張村、兄弟姉妹七人の三番目だった。妻の出身は西張村から一・五キロほどの距離にある展洼村で、兄弟姉妹六人の一番上だった。紹介により一九七三年に結婚した。

移転前は四人で生活していたが、今は二人となった。老父母は順番に子供のところで住んでいる。

②仕事の状況

二・五ムーの割り当て地でトウモロコシを栽培し、また、ジャガイモと白菜にも取り組んでいる。担い手は世帯主妻と娘婿、および娘。ジャガイモと白菜の売り上げが年に九千〜一万元で手元に五千元残る。トウモロコシの販売額は二千二百元で、うち一七〇〇元が収入になる。

移転後には世帯主が社区管理のパートに就き、月一千元を得ている。

③住宅と移転の状況

二〇一二年一一月に移転。村の全体としての引っ越しだったが、自分の意志で決めた。新しい住宅の購入に八万元、内装や家具などに三万元を払った。手当は三万元だった。旧宅は九〇平方メートル、四部屋に付属部屋が一つあったが、ここは一〇一平方メートル、居室が三、客間が一、風呂トイレが一という間取りになった。旧村よりも便利になり、比較的満足している。

④生活の状況

大事なことは相談で決めている。日常の買い物は妻。料理、洗濯、片付けなどの家事は時間があるほうがする。移転前後に変化はない。

引っ越す前の近隣とは雑談やトランプで変わりなくつきあいがある。新しい近隣とも雑談やトランプをするようになった。親戚づきあいや親類関係に変化はない。

診療は今も元の村で受けている。買い物は社区に変わった。娯楽はテレビ、雑談、トランプ。日常経費として水道料、電気料が増え、ガス料が新たに加わった。

子供に特別な期待はしていない。安心している。子供が結婚後も自分で暮らしたほうがよいと思う。自分が年をとってもできるだけ子供に迷惑をかけないよう自分で暮らしたい。日常生活の助けにはお手伝いさんを呼び、経済的にも問題ないので子供からの援助は要らない。自分の親たちについては、順番に面倒を見ている。こういったことについて移転後に変化があったわけではない。

⑤生活意識

年もとったので、特別な考えはない。満足している。もっと年をとったらお手伝いさんを呼ぶ。社区で慣れないことといえば、庭がある場合と比べて物を置く場が少なくなったこと。県には住民用の娯楽場所をもっと設置してほしい。社区では暖炉がほしい。平陰県は前より良くなったが、周囲に比べるとまだ建設に差がある。

《事例２》　都市戸籍・引退済みの世帯主（整理番号５）

回答者は世帯主の妻。ほとんど農業に依存していない事例である。

①家族状況

一九五〇年代生まれの世帯主夫婦（夫六二歳、妻五七歳）と、高齢の母（七八歳）の三人家族。世帯主はかつて孝直鎮獣医所に勤めていたが、今は定年で退職している。母の面倒は世帯主妻が兄弟と半月ごとに順番を変えながらみている。

専門学校を出て他出した都市戸籍の息子（三四歳）が孝直鎮の土地管理所に勤めている。その嫁も都市戸籍で勤めを持っている。

世帯主の前住地は東張村だが、生まれは鎮内の柳灘村。四人きょうだいの一番上だった。妻は鎮内の他村出身で、四人きょうだいの一番上だった。

②仕事の状況

母親の分と合わせて一・九ムーの割り当て地に賃借地二ムーを加え、三・九ムーにトウモロコシを植えている。作業者は世帯主妻で、暇のできた家族も手伝う。年間の販売額が四〇〇〇元余りで、手元に残るのが三〇〇〇元程度。他には、世帯主の退職年金が毎月二四〇〇元入る。移転前後に変化はない。

③住宅と移転の状況

［聞き取りができていない］

④生活の状況

子供が結婚しても一緒に暮らしたいし、自分が年をとったときも子供たちと一緒にいたいけれども、夫婦で互いに面倒を見合いながら生活できるのであれば、子供と一緒には住まない。いま、老親の世話は交代で住んでいる家が負担するが、病気などになれば兄弟二人の家庭がともに負担している。老人ホームに行くのは面倒を見てくれる人がいない場合。社区移転前後にこういった考えに変化はない。

⑤生活意識

いちばん大切なのは家族全員が健康であること。現状に満足できている。将来的には農地を貸しに出し、賃借料を得たい。社区には安全性と管理をもっと改善してほしい。県城にはあまりいかない。社区の環境より悪いと思う。

両事例とも、世帯主が恒常的な仕事から引退し、子供も自立しているので、いまは現在の生活の安定と自分たちの健康維持が当面の関心事となっている。農業は維持されているが、依存率は低い。農業の担い手は女性となっている。世帯主は、整理番号2において、退職後にも社区管理のパートに出て、複数収入の手段を得ることができている。次に見る整理番号3は村幹部の事例だが、これに近く、社区の業務に就きながら農業に従事しており、その持続を願っている。

《事例3》　農業と社区業務で維持をはかる村幹部（整理番号3）

①家族状況

世帯主夫婦の二人暮らしである（夫六一歳・妻六五歳）。世帯主は高校まで出ており、村主任を務めている。娘三人（四三歳、四〇歳、三七歳）はいずれも他出して既婚、上の二人は農業に従事しており、三女は工場に勤めている。

引っ越し前後にこの家族構成に変化はない。

世帯主の前住地は鎮内の後洼村、そこで生まれ育った。姉が三人、妹が一人いた。妻は孝直鎮から二〇キロほど東の肥城市桃園鎮営里村の出身。三人姉妹の一番上だった。一九六八年、紹介を通じて結婚した。

引っ越し前は百平方メートルで八部屋あったが、ここは一〇一平方メートルで居室が三、客室が一という間取りである。

②仕事の状況

三人分、四・八ムーの土地で小麦とトウモロコシを栽培している。作業者は夫婦二人で、売り上げがそれぞれ四五〇〇元、合計九〇〇〇元で、半分が残る。その他、農業収入（手元に残る分）が七万元ある［内容については回答がない］。

世帯主が社区業務に出ており、これが年収一万二千元になる。これは社区移転後に生じた変化である。夫婦の養老手当が月に七〇元ずつ、年間合計で一六八〇元になる。

③住宅と移転の状況

二〇一二年末に移転となった。村全体としては三回に分けて引っ越しとなった。うちは一日目だった。旧宅の販売額が三万元、政府から三万元、農地増減手当三として三万元が出た。子供から借りた十万元を加えて引っ越し資金にした。

旧村に比べて衛生的になったし、便利になり、ガスもできたところには満足している。しかし、電気料、管理費が増加している点は不満。

④生活の状況

重要な事柄は夫婦二人で話し合って決める。買い物も二人で。家事分担にも前後で変化はない。

移転後も周囲がほとんど旧村の近隣なので交際が続いている。親戚関係にも変化はない。

社区の医療室はまだできていないので、今も元の村の医療室に通っている。旧村では近くの隣村に買い物に出かけていたが、いまは［社区の］小さいスーパーで買っている。

娯楽はテレビ、雑談、トランプ、読書など。

日常的消費にほぼ変わりはないが、電気料、ガス料が増えた。

子供（孫）には学業に専念してほしい。

子供の結婚後、同居するかどうかは場合による。うちの場合、自分の老後も同居は望まない。老人ホームは、どうしても他に手段がなければ、よいと思う。

⑤生活意識

今の生活には基本的に満足できている。以前は農業だけが収入源だったが、今は社区の役もある。

農業は、身体が丈夫だったら、今後も続けてゆきたい。娘たちが良い生活を送ることができ、孫たちが立派な人になるのが望み。本社区はまだ建設途上なので完成してほしい。

自身の生活については今以上に望みをもっておらず、健康を維持して、農業と農外収入で当面の生活を維持することがまず考えられている。願いは娘や孫たちのことが中心になっている。将来的な同居は展望されていない。やはり子供たちに迷惑をかけてはいけないという意識が強い。

これに対して、次は農業専業で多角化をはかっている事例である。

《事例4》　農業多角化（整理番号1）

回答者は世帯主。

①家族状況

世帯主夫婦（夫六一歳、妻五二歳）と三男夫婦（二六歳同士）の四人。

三男が大卒、三男の妻が高卒で、三男は都市戸籍を得て空軍で働いている。世帯主は社区管理部門で働き、農業は世帯主妻と嫁が担っている。既婚で大卒の長男（三九歳）は他出して都市戸籍となり、未婚で中卒の次男（三〇歳）は農村戸籍のまま内モンゴルの企業で働いている。

世帯主の出身は鎮内の中洼村、一人っ子だった。妻は鎮内の焦柳村出身で、七人きょうだいの三番目だった。一九九六年に紹介で結婚。

②仕事の状況

一六ムーの土地（詳細は不明だが九人分との回答であった）に、小麦五ムー、トウモロコシ六ムー、バラ三・五ムー、ジャガイモ七ムー、白菜七ムーを作付けしている。加えて牛四頭を飼育している。畑には夫婦二人が従事し、ジャガイモには雇用であたっている。畜産は世帯主が担当している。勤めや個人経営はない。

穀類は年間三・二万元の売り上げとなり、一・七万元が手元に残る。畜産は一万元を売り上げ、七千元が入る。その他野菜の売り上げが六千元、残るのが三千五百元である。

養老手当が毎月七〇元出ている。

農業外への雇用や個人企業はない。

③住宅と移転の状況

ここへは二〇一三年一月に越してきた。村全体としては何回かに分けた移転だった。手当を含めて五万元が入ったのと、あとは自己資金で解決した。衛生環境が良くなったし、インフラ施設が多くなって便利になった。不満はない。

引っ越し前は三〇〇平方メートルの住居だったが、ここは一七二平方メートルである。

④生活の状況

大切なことを最終的に決めるのは世帯主であるが、買い物や家事は夫婦二人でおこなっている。

社区にはまだ衛生所が完成していないので、いまも郷鎮衛生所に通っている。買い物については、農製品販売所が計画中なので、完成したらそこで買い物をすることになるだろう。

旧村での近隣はまだ交際が続いている。引っ越し後の近隣とも互いに助け合っている。親戚とは節句や冠婚葬祭で相互に訪問するなど連絡が続いている。社区移転後に変化はない。

娯楽はテレビ、雑談、読書など。移転前後に変化はない。

日常的消費ではガスが増えた。

子供が結婚したら一緒に暮らしたいと思っている。親を老人ホームに入れるのには賛成しない。

⑤生活意識

家族が仲良く幸せであることが一番。今の社区生活が理想的でもある。コンピュータを習いたいと思っている。

県にはバスを運行してほしい。

農業では、農業機械化サービスを充実したり、養殖区を設けたりしてゆけばよいと思う。

社区では、娯楽センター、衛生所、老人ホームを速く完成してほしい。村の幹部には企業を誘致して資金を投入してほしい。

平陰県には魅力があると思う。三年で生まれ変わったようだ。

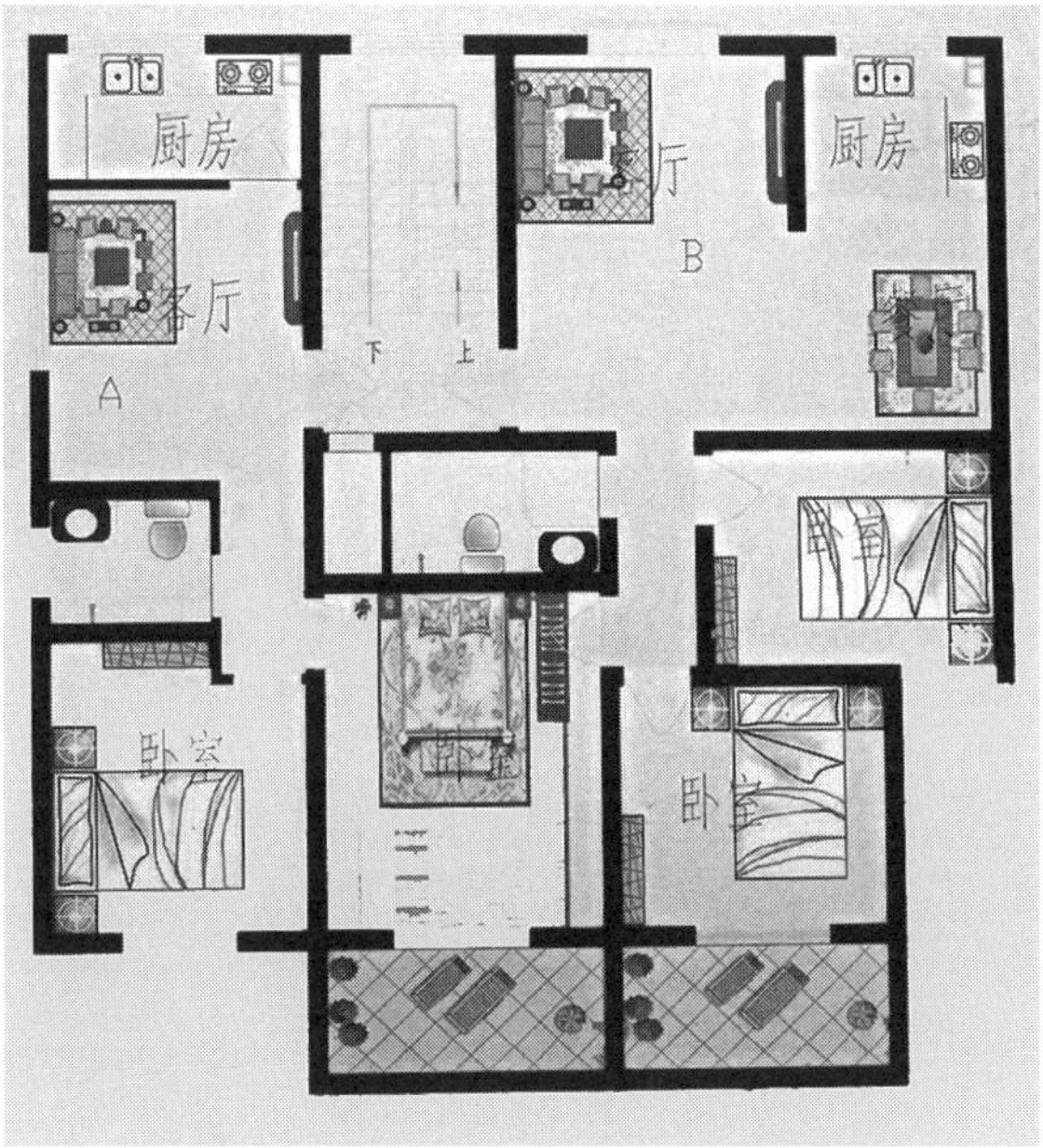

写真4-5　孝直鎮丁屯中心社区　間取りの一例

160㎡の「大小戸型」タイプ。ダイニングキッチンが二つある。

穀類、野菜、畜産と、農業経営を積極的に多角化している。調査員の印象としても、住宅内がきれいに片付けられており、経済的状況も良いと想像できた。さらに、その機械化、集団化（養殖区の設置）が展望されている。次男夫婦との将来的な同居が希望だという。どこでそれを実現しようとしているのかは不明であるが（ここも広いタイプの居室とはなっている。参考写真4－5）、いずれにせよその準備なり達成のために、農業以外にも企業誘致が必要だということだろう。多就労の生活を実現しなければならないのである。

《事例5》 都市戸籍で個人経営＋借地農業（整理番号4）

①家族状況

世帯主（四二歳）は中卒で都市戸籍、妻（四一歳）は中卒で農村戸籍である。世帯主の両親と四人で生活している。世帯主は鎮内の他村生まれ、三人きょうだいの一番上だった。世帯主の妻は、移転前、近所の東張村で生活していた。一九九五年、紹介により結婚。

移転前後に家族構成に違いはない。三〇〇平方メートルの平屋に住んでいたが、ここでは一〇一平方メートルになった。

②仕事の状況

五人分、約五ムーの農地と二〇ムーの借地があり、二ムーを貸し出している。四ムーで小麦を栽培しているが、この作業者は世帯主妻である。一五ムーに苗木を植え、やはり世帯主妻が作業している。その売り上げが年に一二万元あり、七万元が手元に残る。

加えて、世帯主が建築の個人経営を営んでおり、それが年収五万元となる。これは二〇一〇年に始めたもので、二〇万元を投資、うち七万元が借金だった。経営の内容は、移転前、レンタカーだったのだが、移転後、建築に変えた。両親に対しては毎月七〇元の養老手当が出ている。

③住宅と移転の状況

二〇一二年一二月にここへ移転してきた。村全体としては分散し、各自で引っ越しとなった。引っ越し手当の三万元に自己資金八万元をあてた。手当は少ないと思う。

移転五の住居には満足しているが、車庫が小さいのが不満（私用車、農業用車、電動バイクなどがあるため）。

④生活の状況

何かを決めるときは主に相談だが、大事なことになると世帯主が決める。買い物、子供の面倒［子供については回答が得られていないが］は世帯主妻が担当している。

旧村での近隣とはまだ雑談や娯楽で交際が続いている。新しい近隣とも娯楽などで仲良くなった。娯楽はテレビが中心だったが、今はトランプが加わった。親戚づきあいは変わりなく続いている。親族関係にも変化がない。

移転前、診療や買い物は店子村だったが、現在は社区になった。日常的消費は二倍になっている。

子供の学歴は成り行きにまかせるが、高学歴が取れるようにと思っている。

子供が結婚しても同居は望んでいないが、将来、自分が年をとったら同居したいと思う。いま、両親たちは健康なので日常のことは自分でできる。同居しているので経済的には今は共同である。老人ホームには賛成しない。自分の親は扶養する義務があると思う。

⑤生活意識

子供の教育が一番の関心。これからもそう。「小康」よりも良い状態が理想。車を持ち、最終的には都市に引っ越す。

これからは農業用機械の置き場、穀物を干す場所を設けてほしい。医療施設も完成してほしい。住宅については、最上階なので、住宅の質について少し心配している。
農業は市場状況によって栽培の種類を変えてゆきたい。農業以外でももっと所得をあげてゆきたい。
平陰県には魅力がないと思う。

農業は借地での苗木生産でかなりの収益を上げており、市場動向を見てもっと有利な展開を展望している。個人経営でも収益の増加を志向している。実現するかどうかは措くとしても、ここに定住する気持ちを持っておらず、ゆくゆくは都市に移住することが豊かさを実現することであると考えている。これと対応することであろう、平陰県には魅力がないという評価となっている。

孝直鎮社区化の現状と課題

前述したように、孝直鎮における社区化は農業の維持を基本に据えている。しかし、回答者の態度は都市化への適応が基軸となっている。そのうえで、現在の家族状況でそれにいかに対応するか、どれほど対応しうるかによって、生活態度や営農志向にも分化が見られる。

生活環境の著しい改善とともに、日常的生活費が増大した。高齢化しつつある夫婦二人住まいの場合、農業を維持するとともに、若干の農外収入、あるいは養老手当や子供からの仕送りによって、生活が維持されている。対して、まだ子育て中の世帯の場合、農業の拡大や多角化、農外就労について、積極的にとりくまねばならない。この状況は、子供が他出し、マンションを手に入れて結婚するまで続く。しかし、農業地区としての性格が強い孝直鎮の場合、農外就労の機会を作り出すには限界もあろう。当面、現在の高齢者二人夫婦がそのうち農地利用の貸し手となって農業経営規模拡大が進むかもしれない。そのおり、いっそうの機械化や省力化、あるいは高収益作物への集中といった必要から合作社や企業化による経営がはかられるかもしれない。これに対する計画的媒介がひとつの課題であろう。このとき家族経営農業が解体されてしまうのか基本として存続し続けるのかは、大きな岐路であるにちがいない。

これと対応して、高齢化への対応である。敬老院に対してはまだ忌避感情が強く、回答者と親世代のあいだの関係については、「自分の親は扶養する義務があると思う」という回答にあらわれているような規範が強く維持されている。さりとて、回答者と子世代のあいだの関係については「自分が年をとってもできるだけ子供に迷惑をかけないよう自分で暮らしたい」という回答に見られるように、子世代の負担になることもよしとしない。そこで健康の維持が高齢化しつつある回答者たちに共通する願いとなっている。もちろん、こののち施設に関する意識が変化することもありえようが、在宅生活支援の形もまた模索されなければならないであろう。

整合后社区名称	村名	整合类型	人口（人）	现状人口（人）	规划人口（人）
镇中心社区	孔村	纳入镇区	2820	17707	40000
	尹庄	纳入镇区	1970		
	彩居楼	纳入镇区	1393		
	孙庄	纳入镇区	1084		
	前套	纳入镇区	917		
	后套	纳入镇区	539		
	金沟	纳入镇区	500		
	柿子园	纳入镇区	413		
	北孔庄	纳入镇区	244		
	张山头	纳入镇区	149		
	王庄	纳入镇区	550		
	晁峪	纳入镇区	160		
	后大峪	纳入镇区	220		
	蒋沟	纳入镇区	721		
	南官庄	纳入镇区	1138		
	前岭	纳入镇区	188		
	孔子山	纳入镇区	701		
李沟社区	李沟	改建	1059	6825	4000
	尚辛庄	迁建	388		
	大荆山	迁建	882		
	孔庄	迁建	865		
	高路桥	迁建	212		
	柿子峪	迁建	331		
	团山沟	迁建	257		
	石板台	迁建	751		
	南毛峪	迁建	964		
	北毛峪	迁建	1116		
天宫社区	东天宫	改建	1132	6155	3000
	前转	迁建	1208		
	后转	迁建	453		
	郭柳沟	迁建	1529		
	范皮	迁建	466		
	王小屯	迁建	668		
陈屯社区	陈屯	改建	2081	5305	3000
	刘小庄	迁建	925		
	臧庄	迁建	552		
	太平庄	迁建	1747		
白云社区	白云峪	改建	470	817	1500
	值金寨	迁建	347		
王楼社区	王楼	迁建	357	2086	1500
	前大峪	改建	645		
	半边井	迁建	704		
胡坡社区	小峪	迁建	875	3278	2000
	安子山	迁建	743		
	胡坡	改建	1046		
	黄坡	迁建	614		

第五章

孔村鎮における農村社区化

小林 一穂

孔村鎮の新型農村社区へ移転してくる旧村の村名、人口などの一覧。建築中の現場に掲げられていたもの。

（2012年３月14日撮影）

第一節　孔村鎮の概況と農村社区化の現状

孔村鎮の概要

平陰県(1)は山東省中部に位置する済南市に属している。済南市は省政府所在地の大都市で、全体は北と西南に伸びた地形をしているが、平陰県はその西南の黄河南岸に位置する。県政府がある中心部の「県城」まで、済南市街中心部から約六〇キロメートル、高速道路を使って約四〇分の距離である。平陰県は、総面積八二〇平方キロメートル、人口約三七万人で、そのなかに六つの鎮と二つの「街道（＝鎮や郷と並ぶ行政単位で市街地にある）」を管轄している。孔村鎮はその鎮の一つである。

平陰県のＧＤＰは二〇一二年に二〇八億元で、地方財政収入は八億元になり、山東省のなかでは経済発展が「中の下」といわれている。しかしこれから急速に発展する可能性が高く、いずれは隣接する済南市と統合されて済南市区の一つになるかもしれないと予想されている。農家は八万戸で、耕地は四一万ムー（一ムー＝六・六七アール）あり、野菜栽培が八万ムー、この地域特産のバラ栽培が三万ムー（栽培農家は一万戸）、有機栽培は二〇万ムーとなっている。このように一定の農業発展はあるものの、ＧＤＰの産業間比較は第一次対第二次対第三次が一対六対三という比率である。第二次産業の割合が大きいが、それはこの県内にいくつかの企業集団があるからで、パイプ継目製造会社、セメント製造会社、炭素製品製造会社などがある。炭素製品というのはカーボンを固めて工業用資材にするもので、生産高は一三〇万トンと全国の六分の一を占めている。

平陰県の高校は全部が県城にあり、学校と産業が、県城や鎮の中心である「鎮上」に集まっているので、若者は結

写真5-1　「鶏腿菇」という菌茸を生産しているトンネル内部。（2012年３月14日撮影）

婚すると県城や鎮上で家を持とうとする。中学校は鎮ごとに一つ残すという方針であり、辺鄙なところは二つの鎮で一校となる。

孔村鎮[2]は平陰県の南部に位置し、県城からは約一〇キロメートル、自動車で約一五分である。総面積は一二六平方キロメートル、人口は約四・二万人、四六の行政村と二つの農村社区がある。二〇〇五年に李溝郷と合併した。二〇一一年の財政収入は四、四八一万元になる。

孔村鎮の農業部門では、鎮の東部の平地で有機野菜の栽培、中部の平地では漢方薬の薬材の栽培、南部の山間地ではトンネルを利用した菌茸の栽培がおこなわれている。野菜の栽培はもともと五〇〇ムーの規模だったが、最近は二、〇〇〇ムーへ発展させようとしている。ハウス栽培を営むのに四万元が必要で、そのうち地方政府から二万元の補助が出る。一戸の農家でハウス用の土地として必要な五ムーを確保できないので、栽培しない農家から賃借する。栽培しない農家は賃貸料が入るし、栽培農家は農業収入を得ることになる。栽培し「鶏腿菇」という菌茸の生産（写真5-1）は全国の九〇パーセントを占めている。菌茸はトンネル内で栽培しているが、トンネルは長いもので五〇〇メートルにもなる。一農家が一本のトンネルをも

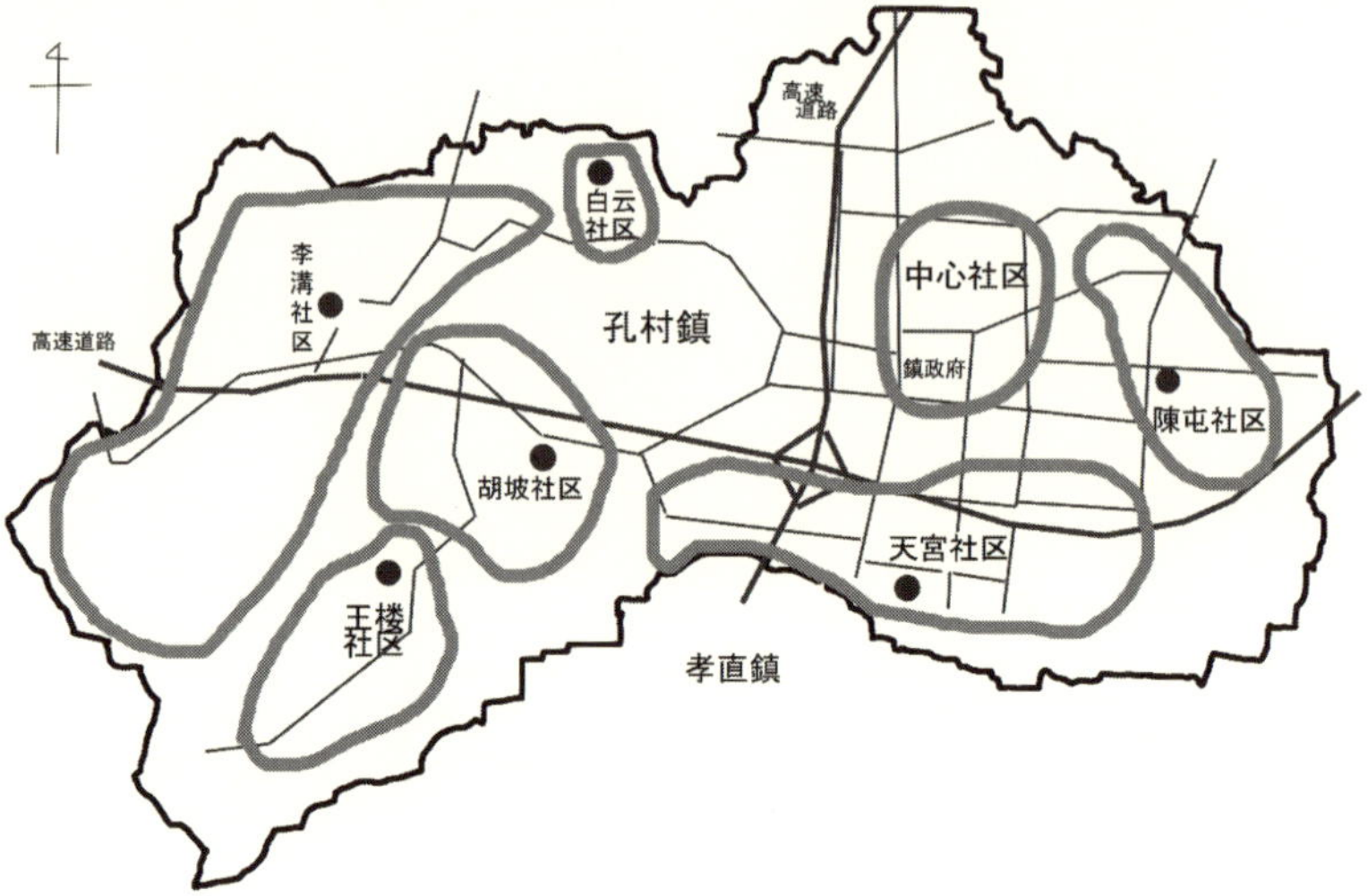

図5−1　孔村鎮農村社区建設の各社区の配置

つのが普通だが、なかには五本ももっている農家もある。一本のトンネルで年間に一〇万元の売上げになる。そのほかにも畜産やクルミなどの果樹栽培が盛んである。

工業部門では、全国最大の炭素製品の生産地であり、広大な工業団地に一六の炭素製品製造企業があり、一万人が就業している。製品はロシアなど海外への輸出もしており、地方財政収入の大半をこの産業が担っている。工業の総生産高は二〇一一年に四六億元で、税収は一・六億元である。鎮の企業に就業している鎮の農民は従業員の半分になる。

基礎施設整備では、上水道が鎮内すべてに完成しており、病院や養老院も新たに建設されている。社会福祉事業では医療保険や養老保険にはほとんどが加入していて、新農村建設の推進が順調であることを示している。教育面では、中学校が一校ある。これは孔村鎮と李溝郷が合併した際にそれぞれの中学校が統合されたものである。小学校は五校、幼稚園が一ヵ所ある。県城にある「第一中学」という進学高への進学率は七割になり、進学した生徒は大半が大学へ進学するので、鎮には帰ってこないという。

写真5-2　建設中の孔村鎮中心社区。左にあるのは幼稚園。（2012年３月14日撮影）

新型農村社区の建設

平陰県では、すでに二〇〇八年に新型農村社区建設を開始した。二〇一二年には済南市の先進的試験地区に選ばれている。さらに、面積や人口が少なく工業化が進展しているという特徴を生かして、二〇一二年に「全域城鎮化」という政策を提示した。これは新型農村社区建設を中心に都市化を進めようとするもので、二〇一二年だけで新型農村社区が二七区も形成された。山東省のなかでも社区化が早く進められている地域になっている。

われわれが調査を実施した「孔村鎮中心社区」[3]（写真5-2）は、計画上は総面積が約三四・五万平方メートルで、北と南に分かれている。五階建ての集合住宅で、一棟に平均三〇戸が入居する。各戸ごとの面積や間取りは家族形態によって多様であり、それに応じて価格もさまざまである。セントラルヒーティングを設置したので、各戸に暖房が通せる。以前は石炭で暖房をとっていたので大変だったという。近くにスーパーや医院も整備している。そうした施設の全部が五〇〇メートル以内にできている。

孔村鎮では全部で七つの社区を計画した（図5-1）が、中心社区が一番大きい。四五棟の集合住宅を建てて、全部で一、三〇〇戸

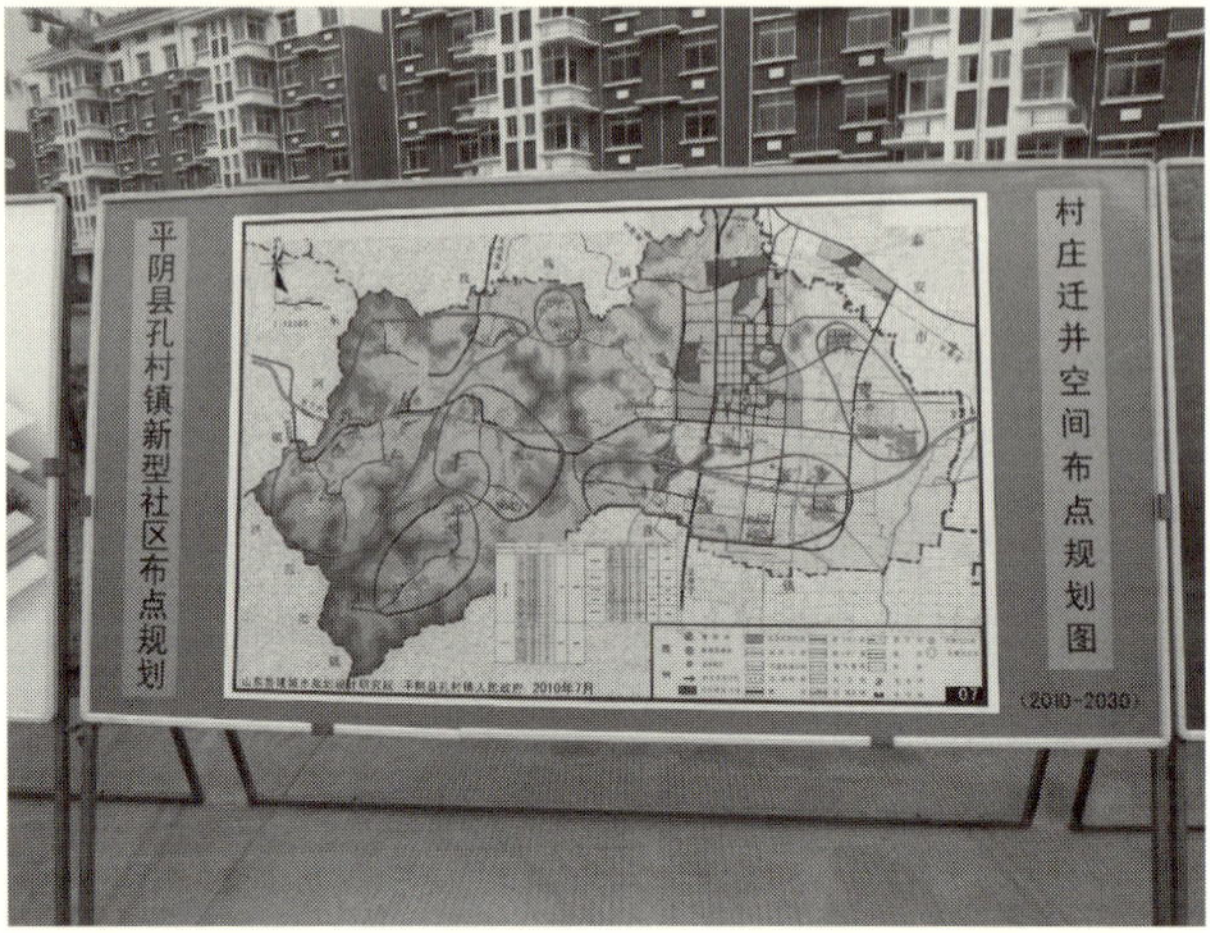

写真5-3　孔村鎮中心社区へ移転してくる村の分布図を掲示している。
（2012年３月14日撮影）

になる。二〇一二年九月の時点ですでに九割が入居している。計画は七社区だったが、実際には二つの社区だけを建設して、そこに集中させることになった。というのは集中させた方が基礎施設が整うからで、そのために七社区の規模を二社区にしたという。二つの社区は、中心社区が五二〇ムー、李溝社区が三〇〇ムーで、この敷地は旧村の孔村と孔子山村の耕地を住居用地に転換した。こうして、孔村鎮の四六村はすべて社区に移り（写真5－3）、旧村に残る村民はいなくなる。ここの社区に転居するのが一般的で、それ以外に移る村民はほとんどいない。

　中心社区のうち、「中心社区北区」は建築面積が約一九・六万平方メートルで、二〇一〇年五月に建設を開始し、三期に分けて建設を進め（写真5－4）、二〇一三年一〇月に基本的に完成した。四二棟の集合住宅を建築し、一、三〇〇戸が入居している。そのうちの二七六戸は、三つの村が村ごと転入してきたものである。

　もう一つの「中心社区南区」は二〇一四年三月に建設が始まった。集合住宅は二三棟で、建築面積は約八・五万平方メートルである。一五棟の建設が先に進んでおり、残り五棟が順次続いてい

写真5-4　孔村鎮中心社区北区の三期にわたる建設の全体図を掲示している。
（2012年３月14日撮影）

く。二〇一五年七月には完成して、完成後には村ごと転入する五つの村の七〇〇戸が入居する。旧来の宅地を農地に復元することで耕地八〇〇ムーが純増する。

このように、孔村中心社区は三、〇〇〇戸、一万人が入居する。しかしそのうち離農するものも多く、農家としては二、〇〇〇戸が減少すると予想されている。李溝社区は移転後も農業に従事しているものが多く、離農も少ないだろうという。鎮全体では社区は一二、〇〇〇戸となるが、二割程度が離農すると予想されている。

旧村から転出すると、宅地は一ムー当たり国から一五万元が出る。旧宅地は一ムーの面積はないが、しかし道路などがあるのでだいたい一ムーになる。一五万元は新宅の購入に使うことになるが、新しい住居は一七万元するので、その差額は農家の自己負担となる。しかし農家としてはたいしたことはないという。

村ごとに移転するのと個別に移転するのとはほぼ半々だが、村ごとの移転の方がスムーズに移転できる。その選択肢は村で決定する。村幹部が各農家の了承を得なければならず、全戸が賛成しないと村ごとの移転はできない。

写真5-5　孔村鎮中心社区の住居棟の１階部分を社区の事務室にしている。
（2012年３月14日撮影）

管理会社が社区の共用部分を保全している。その費用は各戸で一平方メートル当たり月に二角になる。集金は、棟入口のドアに通知が貼りだされるので、自分で管理会社へ行って半年ごとに支払う。たとえば、生活ゴミの処理は、ゴミ置き場があって、鎮城のゴミ処理会社が専用の自動車で運んでいくが、ゴミ置き場は社区の管理会社が管理している。棟の管理のための棟ごとの代表は置いていない。

第二節　面接調査結果から

調査事例の分析

二〇一三年八月に、平陰県の孔村鎮、孝直鎮、錦水街道の三地域で、われわれ共同調査グループの山東省社会科学院の研究者が計三〇戸の対象農家を選定して、面接調査を実施した。質問票を用いているが、自由回答を中心とした半構造化インタビューである。

以下では、孔村鎮中心社区での面接調査の結果を事例ごとにみていく。対象者は全部で一〇名、いずれもが五階建ての集合住宅に入居している。年齢は調査時の満年齢である。社区ではサービスセンターやスーパーを建設予定だが、調査時点ではまだ完成していない。またガスが通っていない棟もあり、そこでは電子調理器具を使っている。

《事例1》　面接対象者は夫。一階に入居。

①家族状況

夫（四七）、妻（四六）、長女（二二）、次女（一六）の四人家族。全員が農村戸籍で、夫婦は中卒。二人の娘はそれぞれ大学と高校の学生である。

自分は、孔村鎮内の村の出身で五人兄弟の三番目。仲人の紹介で一九八七年に結婚した。妻は、孔村鎮ではない村の出身で五人兄弟の四番目。

転居前は平屋建てで一五三平方メートルだったが、社区では一階部分で一〇二平方メートルとなり、居住面積は三割強減った。家族構成に変化はない。

②仕事の状況

農地は隣の農家に渡して無償で耕作させている。補助は二〇〇元ある。

農業に従事しておらず自営業を経営している。この自営業は一九九七年に始めた。投資額は三万元で、自分で貯蓄したものを用意した。夫婦で経営していて従業員はいない。年間売上高は二五万元で、年収は一〇万元になる。経営は、同業者が多いので難しい。

③住宅と移転の状況

入居したのは二〇一一年一二月で、自分の希望で個別に転居してきた。

転居費用は自分で出したし、購入するのに補助金はない。ガスと集中暖房の両方があり満足している。

④生活の状況

家庭内での重要な事柄は夫婦で相談するが、日常生活は妻が担当する。子供の面倒をみたり家事をするのも妻で、転居による変化はない。

転居前の近隣とは相互に行き来していて、金銭を貸し借りする。転居後の社区の近隣とも関係はいい。おしゃべりをするし相互に手伝う。親戚とは相互に行き来する。転居後の変化はない。

転居前は鎮上の医院で診察を受けた。村の小さな商店で買い物をした。転居後も鎮上の医院に行く。鎮上に買い物に行く。

娯楽は、テレビ、おしゃべり、読書など。転居後は広場でダンスをする。日常の消費生活で転居後の変化はない。

子供の学歴は高ければ高い方がいい。子供が結婚したら同居したい。年をとっても子供と同居したいが自分で生活することになるだろう。父母を養老院に入れるのは賛成しない。転居後は子供への希望がより大きくなった。もっとも困難なのは経済面だ。子供の就職がむずかしい。

⑤生活意識

生活の目的や意義は家庭の仲がいいこと。近隣関係がいいこと。理想の生活は社区での生活。最大の希望は、今の住居とは別の一階の住居を買って経営をすること。

現在の生活に不満はない。県城や鎮上に行くバスが増加するといい。農業の将来に特別の希望はないが、経営では規模を拡大したい。村幹部には村民を豊かにするように指導してほしい。

平陰県城の魅力は普通だ。

この事例農家は、農業を離脱していて自営業を営んでいる。自営業の経営が大変だというものの相当高い収入を得ていて、現状について全般的に満足している。経済水準が高いので、子供の教育には高学歴を望んでいて、実際に娘二人は大学と高校へ通学している。社区移転に満足感が高い事例だといえるだろう。

《事例2》　面接対象者は妻。三階に入居。

①家族状況

夫の母親（五七）、夫（三五）、妻（三六）、長女（一〇）、次女（〇）の五人家族。全員が農村戸籍で、夫婦は中卒。長女は小学生、次女は乳児。

自分は、孔村鎮内の村から転居してきたが出生は別の村。二人兄弟の二番目。二〇〇一年に紹介されて結婚した。夫は、転居前の村の出身で三人兄弟の一番目。

転居前は二階建てで二〇〇平方メートル余りあったが、社区では三階部分で一二五平方メートルとなり、居住面積は四割減った。家族構成に変化はない。

②仕事の状況

農地は五人分で一〇ムー。三ムーを貸している。トウモロコシを五〇〇キログラム、小麦を五〇〇キログラム生産している。農作業には母親と妻が従事している。

トウモロコシは二〇〇キログラム、小麦は一〇〇キログラムを自家消費し、それ以外は販売する。その純収入は八、〇〇〇元になる。補助金は一、二〇〇元を受け取る。農地の賃貸料は三ムーで一、八〇〇元が入る。

夫は炭素製品製造会社で契約社員をしていて年収は三万元余になる。転居の前後で変化はない。

③住宅と移転の状況

入居したのは二〇一二年で、村全体で一斉に転入した。転居は自分で希望した。

新しい住居の面積が小さいので超過した転居費用はない、補助金は家具一揃いを現物で受け取った。転居には基本的に満足している。買い物がかなり不便になったのが不満だ。

④生活の状況

家庭内での重要な事柄は夫が決める。日常生活は夫婦で担当する。子供の面倒を見るのは自分。家事の分担に変化はない。

転居前の近隣は移転後もみな一緒に住んでいる。新しい近隣関係はない。子供を抱いて他の家におしゃべりに行く。親戚とは行き来する。転居した影響はない。

病院は転居前も後も孔村鎮上に行く。娯楽は、テレビ、おしゃべり、トランプで、転居後は健康器具の使用とダンスをする。消費生活では転居後に費用が増えた。出費には、管理費（一平方メートル当たり二角）、水道費、暖房費、電気代などがある。

子供には幼稚園の教師、看護師を希望している。子供がまだ小さいので今後の同居はわからない。年をとったら同居は希望しないが近所に住むならいい。老人に対しては生活上の支出を負担する。父母を養老院に入れるのは賛成しない。年寄りや子供で転居後に変化はない。

転居後に困難なのは農地が不便なことで遠すぎる。自動車で二〇分もかかる。

⑤生活意識

子供に対しては理想とする仕事があるが、家庭内で料理するのも希望する。

県城や鎮上にショッピングセンターがほしい。将来的には店を開きたい。社区では買い物を便利にしてほしい。村幹部には就業機会を提供してほしい。

平陰県には満足している。バラ園が魅力的だ。

この農家は、転居前から兼業化していて、夫は炭素製品製造会社で就業して高収入を得ている。そのほかに、農業を続けていて一部の耕地の賃貸料と合わせて一万元近くの収入もある。したがって、高いレベルの消費生活を望んでいて、それが買物の不便さへの不満となっている。農地が遠距離になって農作業に不便なことも不満である。他方で、生活費の増加は問題となっていない。二人の娘への期待は大きい。こうしたことから、今後は農業を離脱して都市すなわち平陰県城や済南市へ目が向いていくことも考えられる。

《事例3》　面接対象者は妻。三階に入居。

①家族状況

夫の母親（六二）夫（三四）、妻（三三）の三人家族。夫は専門学校卒、妻は高校卒。夫婦それぞれで自営業を営む。

自分は、済南市以外の出身で三人姉妹の一番目。二〇〇六年に夫と済南で知り合い、二〇〇八年に結婚した。夫は、孔村鎮の出身で三人兄弟の一番目。

転居前は平屋建てで五間あり二〇〇平方メートル余りだったが、社区では三階部分で一二五平方メートルとなり、居住面積は四割弱減った。家族構成に変化はない。

②仕事の状況

農地は五人分で八ムーある。全部貸しているので農業収入はない。賃貸料は四、八〇〇元で、財産性収入が年収五万元ある。マンションの部屋を貸しているのでその収入が月七〇〇元ある。

養老補助は月七〇元を受け取っている。

自分の自営業は衣料店で年収三万元になり、夫の自営業は加工食品販売店で年収三万元になる。自分の衣料店は二〇〇六年に始めた。その時の投資額は五万元で、資金は自分で用意したが自分の母親から一万元借りた。自分だけで営業している。年間売上額は二〇万元で純収入は五万元くらい。

転居後は農地が家から遠すぎるので、農業をせずに賃貸料だけを受け取っている。農業以外に変化はない。収入にも変化はない。

③住宅と移転の状況

入居したのは二〇一二年七月で、村全体で一斉に転入した。転居は自分で希望した。

転居費用は古い家屋の価格で償った。家具は現物を補助されて受け取った。スーパーがないのが不満だが生活は便利だ。

④生活の状況

家庭内の重要な事柄は相談して決める。日常の買物は夫婦二人で決める。子供はいない。家事の分担に変化はない。

転居前の近隣とは行き来しているが、それはみなが同じ棟に住んでいるからで、おしゃべりをする。親戚とも行き来している。転居後に変化はない。

病院は鎮上へ行くが、転居後に変化はない。娯楽はテレビ、おしゃべりだが、転居前はトランプをしていた。転居後はインターネットや広場でダンスをする。転居後は水道代や電気代が増えた。

母親への要望はない。健康ならばそれでいい。母親は基礎教育しか受けていない。子供がまだいないので、子供との同居は状況を見て決める。老人の面倒をみるのは若い人がするべきだ。経済上の援助は必要ない。父母を養老院に入れるのは賛成しない。転居後も老人や子供に対する考え方に変化はない。

電子調理器具は慣れていないので、ガスが通っていないのが不満だ。
⑤生活意識
生活の目的は、一家で睦まじく健康であればそれでいい。理想的な生活は、衣食に憂いがなく、老人も子供も健康でいること。

最もしたいのは旅行。二年のうちに済南の部屋を買い換えたい。

生活への不満は、電子調理器具に慣れていないこと。スーパーがない。県城や鎮上ではスーパーやショッピングセンターがあるといい。社区では買物の環境を良くしてもらいたい。自動車の出入りが乱れている。

平陰県ではこの二年でようやく発展が始まった。発展がかなり遅い。部屋の価格が高すぎる。


この農家は、夫婦ともに三〇代前半で、世代に応じて学歴も高い。高学歴であるほど経済水準も高くなる。農業から離脱しているが、借地料や夫婦それぞれの自営業の収入、済南市のマンションの賃貸料を合わせると、年収が一〇万をゆうに超える。しかし、高収入であるわりには生活状況はほかの農家と似たり寄ったりである。それでも、当然ながら消費への欲求は高く、それが買物の不便さや平陰県の発展の遅さへの不満になっている。注目するのは、希望する娯楽が旅行だということで、最近の中国での「旅行ブーム」が農村にも及んでいることを示している。それだけ生活水準が上がったということである。

《事例4》 面接対象者は夫。二階に入居。

①家族状況

夫の母親（九四）と夫（六三）と妻（六一）の三人家族。長女（四一）、次女（三八）、三女（三六）、四女（三四）はみなすでに結婚して他出している。

自分は、中学校卒で共産党村支部の書記をしている。妻は小学校卒。自分は孔村鎮内の出身で五人兄弟の二番目。一九七〇年に仲人の紹介で結婚した。妻は、孔村鎮内の夫とは別の村の出身で四人兄弟の二番目。

転居前は平屋建てで一五〇平方メートルだったが、社区では二階部分で一二五平方メートルとなり、居住面積は一・六割減った。家族構成に変化はない。

②仕事の状況

農地は一人当たり二ムーで五人分の一〇ムーだが、全部貸している。賃貸料は三、〇〇〇元入る。子供からの援助は一万元を受け取る。

養老補助は月に一人七〇元が二人分で一四〇元になる。母親は九〇歳以上なので月一七〇元を受け取っている。

転居して耕地が遠くなって不便になった。転居後に収入の変化はない。

③住宅と移転の状況

入居したのは二〇一二年五月で、村全体で一斉に転入した。転居は自分で希望した。

転居費用は一戸当たり一、〇〇〇元を村が出費した。転出で得たお金は新居の費用に使った。

新居には満足している。社区は交通が便利で、通学も便利になった。環境がよい。部屋もよくなった。広場や緑化環境も整っている。

④生活の状況

家庭内での重要な事柄は自分が決める。日常の買物や子供の世話、家事分担はすべて自分がする。

近隣関係は、転居前はよかった。転居後も行き来していて、お互いに助けあう。ほかから来た新しい人たちはよくわからない。転居前の親戚関係もよかった。転居後も冠婚葬祭の時などに行き来している。転居後に変化はない。

病気の時は、転居前は鎮上の医院に行った。買物はほかの村の商店に行った。転居後も孔村鎮上の医院に行く。買物は社区の売店でする。

娯楽は、転居前はテレビ、新聞だった。転居後はそれにおしゃべりが加わった。消費は増加した。毎月一、〇〇〇元くらいかかる。

子供はすでに卒業して結婚している。将来子供と一緒に暮らすことを望んでいるが、子供はみな家を出て仕事や家庭があるのでだめだろう。老人の面倒をみたり経済的な援助をするのは自分だ。父母を養老院に入れるのは賛成しない。母親には何年でも生きてもらいたい。子供には大きくなってしっかり勉強してほしい。

家庭に困難なことはなにもない。

⑤生活意識

生活でもっとも重視しているのは、以前も今も身体が健康なこと。理想の生活は現在の社区の生活だ。

最も望むのは、村の土地の転用がうまくいくこと、村民が裕福になるという問題がうまく解決すること。今の生活には満足している。

心配なのは人々の生産や生活の問題、弱い立場の人々の生活だ。県城や鎮上では企業を多くしてほしい。将来に実現したいのは、農業面では土地を転用し、大規模な栽培をすること。老人の世話をよくすること。設備をもっと整えること。

県城に魅力はある。建築が綺麗だ、経済発展が速い、サービスがいい。

対象者の旧村は五〇戸で、そこから退去して跡地は八二ムーが開墾されたが、社区では一五ムーを敷地にしたので、約六〇ムーが余剰となって生み出された。社区の建物の建築費用が五〇〇万元だったが、土地の補償が七〇〇万元だったので、二〇〇万元が余剰金となった。この旧村の住民は六〇歳以上が四割になる。そこで余剰金は住居施設の改善に使った。この家族はかなり特殊で、全部で四人の娘はすべて他出している。妻は障がい者で寝たきりで、年老いた母親は九〇歳を越えている。しかし、経済的条件は比較的裕福で、党書記としての収入も加えると年収は一五、〇〇〇元弱程度になる。また娘がかなりの金額を送金していて、夫の母親は現在の生活を幸福に感じている。夫は毎日妻と母親の面倒を見ることを辛いとか嫌だとは思っていない。夫はとても実直で世話をするのは辛くないといい、妻と母親の生活がさらによくなることを望んでいる。こうした夫の生活態度はかれが党書記であることにもよると思われる。

《事例5》　調査対象者は妻。二階に入居。

①家族状況

夫の父親（六八）、夫の母親（五八）、夫（二八）、妻（二七）の四人家族。父母は農業に従事。夫は中学校卒で自営業。妻は中学校卒で村民委員会の幹部。

自分は、孔村鎮の出身で一人っ子。二〇〇七年に人に紹介されて結婚した。夫は、同じ村の出身で二人兄弟の二番目。

転居前は平屋建て一二〇平方メートルだったが、社区では二階部分で一二五平方メートルで、居住面積はほぼ変わらない。家族構成も変化はない。

②仕事の状況

農地は一人当たり一ムーで四人分の四ムー。すべて貸しているが、かわりに三五ムーを借地している。父母が農作業に従事していて、トウモロコシ四〇〇キログラム、小麦五〇〇キログラム、ウリ二、〇〇〇キログラム、綿花二〇〇キログラム、アワ二〇〇キログラムを生産している。

年収は二万元で、純収入は一四、〇〇〇元になる。政府からの補助は一人当たり七〇元を四人分で二八〇元受け取る。賃貸料は一ムー当たり一〇〇元で四〇〇元になる。

養老補助は一人当り七〇元で一四〇元になる。

夫は建築業をしていて年収は六万元ある。二〇〇九年に始めた。転居後に変化はない。

③住宅と移転の状況

入居したのは二〇一二年九月で、村全体で一斉に転入した。転居は自分で希望した。

転居費用は一二万元で、自分の資金を出した。

④生活の状況

水道光熱費、暖房費、管理費などは補助があり、基本的に満足している。社区に入居して基本的に満足している。

家庭内での重要な事柄は相談するが、主に自分が決める。買物や子供の世話は自分がする。家事は、転居前は母親だったが、転居後は自分が担当している。

転居前の近隣関係はよかった。今も行き来していて、お互いに助けあう。社区に入居して新しい近隣はできていない。というのはこの棟の全部が同じ村からの入居だから。親戚は、以前は近かったので行き来していたが、転居後はかなり遠くなったので電話連絡が主になっている。転居後も関係は同じだ。

病院や買物は、転居前は近くの村に行っていた。転居後は、病院は孔村鎮上、大きな病気の時は平陰県城へ行く。娯楽は、転居前はトランプだけだったが、転居後はテレビ、おしゃべり、トランプ、新聞と増えた。日常的な生活費は転居前の二倍以上になった。

子供は聡明であることを望む。無理強いはしない。子供が結婚したり自分が年を取ったりした時に、子どもと同居するのは望まない。父母の世話をするのは自分、同居しているので経済的援助は必要ない。父母を養老院に入れるのは賛成しない。老人や子供のことで変化はない。

現在家庭内に困難はない。

⑤生活意識

生活の目的は、今までは子供が学校に行き健康なこと。今後は老人が健康なこと。理想の生活は今のままでいい。最大の希望は子供が学校に行き健康なこと。現在の生活への不満はない。県城や鎮上に望むのはスーパー。とても必要だ。将来の仕事は、自営業をしたり臨時に仕事をすること。今の社区に改善の希望はないが、ただスーパーを拡大してほしい。

県城や鎮上に魅力は感じない。

この農家は、父母が農業に従事しているので、農業収入と夫の建築業の収入、さらに妻の村幹部の手当を合わせると八万元に近くなる。居住面積が移転前後で変わらないので、それによる余剰金はなかったが、高収入なので転居費用を自己負担できている。転居後の生活もだいたい変化はないが、生活費が二倍になったり、親戚付き合いが薄くなったりはしている。夫婦は二〇代なのでまだ子供はいないが、子供が高学歴になることを望んでいる。社区に満足しているが、買物の不便さへの不満はある。

《事例6》 面接対象者は夫。三階に入居。

①家族状況

夫（八〇）、妻（八三）、長男（六二）長男の嫁（五八）の四人家族。次男（五七）と長女（五三）はすでに結婚して他出している。長男は小売商で働いている。長男の嫁は夫婦の面倒をみている。

自分は、別の郷の出身で二人兄弟の一番目。親戚の紹介で一九四五年に当時一二歳で結婚した。妻は、同じ郷の別の村の出身で四人兄弟の一番目。

転居前は平屋建てだったが、転居後は三階部分で七五平方メートルとなり、居住面積はかなり小さくなった。家族構成に変化はない。

②仕事の状況

農地は一人当たり一・四ムーで二人分の二・八ムー。小麦とトウモロコシを栽培していた。二〇一三年秋の収穫後に、村で一括して村外に請け負わせることになっている。この数年は自分で耕作できない時は親戚にやってもらっていた。

養老の補助が一人当たり七〇元で一四〇元となる。

長男が臨時雇用で働いている。

転居後は、農地は自分で耕作しないで請負に出している。賃貸料は一ムー当たり五〇〇元になる。農業以外に変化はない。

③住宅と移転の状況

入居したのは二〇一二年六月で、旧村からは各戸がそれぞれに転居してきた。転居は自分で希望した。

転居費用は五、〇〇〇～六、〇〇〇元で、自分で出費した。古い家屋は転居した部屋と買い替えた。

転居後は清潔できれいなことに満足している。不満なことは収入源がないことで、以前はサンザシや山椒を栽培して売っていたが、今はできなくなった。

④生活の状況

家庭内での重要な事柄は自分が決める。日常の買物は長男の嫁がする。家事分担の変化はない。

転居前は近隣関係があり、今も行き来している。日常の事柄を心配しあう。転居後は新しい近隣関係ができている。部屋に招いたりする。親戚関係は以前からあって、「温鍋（＝慶祝など）」で行き来している。転居後も行き来しているが距離が遠いので少なくなった。

転居前は鎮上の医院や県城の医院へ行ったが、転居後は社区の医院や鎮上、県城の医院へ行く。

買物は、転居前は鎮の定期市だったが、転居後は社区の商店ですましている。娯楽は以前も今もテレビとおしゃべりだ。日常生活では、現在は野菜を多く買うようになった。暮らしが苦しいが買うしかない。

子供の家庭の孫たちはみな外で大学へ行っている。成功したと思う。

⑤生活意識

年をとったら子供と同居するのを望んでいる。

家庭生活で困難なのは、収入が少ないのに養老しなければならないこと。今は小麦を栽培していないので小麦粉を買わなければならない。生活上とても困難だ。

この農家は、孫がすでに成人して他出し、老夫婦と子供夫婦で生活している。社区への移転によって農業を離脱して委託している。そのために、必要な農産物を購入しなければならなくなり、そこに生活上の困難を感じている。しかし、孫たちは大学へ進学しているので、それほど経済的に困窮しているわけではない。また親戚付き合いは距離が遠くなって薄くなったが、近隣関係は転居前からの関係は相変わらずだし、転居後は新しい近隣関係もできている。その意味では、生活費の増加が負担ではあるものの、社区での生活になじんでいるといってもいいだろう。

《事例7》　面接対象者は長女。三階に入居。

①家族状況

夫（六〇）、妻（五五）、長女（三三）、長女の婿（三六）、長女の長女（九）、長女の長男（〇）の六人家族。ほかに次女（三〇）はすでに結婚して他出している。

自分は、孔村鎮内の出身で二人姉妹の一番目。二〇〇二年に知り合いの紹介で結婚した。長女の婿は、同じ村の出身で三人兄弟の三番目。

転居前は平屋建てで五間あり一〇〇平方メートルだったが、社区では三階部分で一二五平方メートルとなり、居住面積は二割増えた。家族構成に変化はない。

②仕事の状況

農地は一人当たり二・五ムーで五人分の一二・五ムー。栽培しているのは小麦が七ムーで五〇〇キログラムだが、水利条件がよくないので収穫量は少ない。トウモロコシが七ムーで二、〇〇〇キログラム。一ムーを借りて綿花を栽培していて、収穫は一〇〇キログラム。ウリが二ムーで一、〇〇〇キログラム、アワが二ムーで七五キログラム。その他にクルミが二〇〇キログラムある。

販売しているのはトウモロコシで二、〇〇〇元になる。果樹の収入が四、〇〇〇元で、綿花も含めた全部では一万元になる。政府の補助は一ムー当たり一二〇元で四ムー分の四八〇元を受け取る。綿花のための借地料として七〇〇元を支払う。農地は村で統一して貸している。ムー当たり年に五〇〇元で五年毎に一〇〇元値上がりする。

養老補助は父の分が月七〇元になる。

夫（婿）は北京市で臨時雇用で働いていて年収が三万元ある。農業以外では臨時雇用の方法を考えている。農地を請負に出してから農業収入は少なくなった。社区の管理費は年に三〇〇元する。人に対する経費は以前と変わらない。

③住宅と移転の状況

入居したのは二〇一二年九月で、子供が学校に通うためだった。各戸がそれぞれ個別で入居した。

転居費用は二万元で、家具や電化製品に使った。自分が出費した。政府の補助は出ていない。不満だ。本来は一人に一万元の転居費があるはずだ。部屋にはお金を使っていない。古い家屋と買い替えたので。

社区に来て、子供が通学するのは便利で、水道も便利になった。以前は、水は天まかせだった。不満なのは、公共トイレがないことと商店がないこと。

④生活の状況

家庭内での重要な事柄は父が決める。日常の買物は自分がする。子供の面倒を見るのは母と自分。家事分担に転居後の変化はない。

以前も近隣関係はあったし、今も行き来している。冠婚葬祭や病気の時の見舞い、子供が入学した時のお祝いなどでだ。転居後の新しい近隣関係はない。親戚関係は以前からあったし、今も行き来している。以前と同じで、正月や祭日に行き来する。転居後の変化はない。

病院へは、転居前は近くの村の医務室に行き、転居後は孔村鎮上の医院へ行く。買物は、転居前は近所の定期市へ、転居後は孔村鎮上のスーパーへ行く。

娯楽は転居前後で変わらず、テレビ、おしゃべり、トランプをする。転居後は日常の消費が多くなったが、買物をするのは便利になった。今は「お金がなくても買いたい」だが、以前は「お金があっても買いに行けない」だった。

子供への希望は、しっかり勉強して大学を受けてほしい。学歴は高いほどいい。試験に合格したら支援する。子供が結婚しても同居は望まない。不便だ。若い人は自分の生活があり、他人の家で迷惑をかけるのを恐れる。だが、年をとったら同居したい。子供が面倒を見てくれる。老人の世話をするのは若い人。経済的援助も若い人がするべきだ。最もいいのは子供に世話してもらうことだが、子供にそれができない時は、自分の父母を養老院に入れるというのも仕方がない。転居後の老人や子供の世話での変化はない。

最も困難なのは、お金を稼ぐ機会が少ないこと。そのわりに食費に多くかかる。解決するには時間を見つけて子供の世話をしたり家事をする。

⑤生活意識

生活の目的は、子供の成長と家人の健康で、変化はない。理想の生活は、夫（婿）が家に帰ってきて仕事を見つけて、家庭の世話ができること。

現在の生活に不満はない。社区に医務室やスーパーができると一番いい。将来に実現したいのは、仕事を探すこと。生活上は成り行きに任せる。社区で改善してほしいのは公共トイレ、スーパー、医務室。村幹部に望むのは、自分のためだけではなく村民のために考えること。

県城や鎮上の魅力はまあまあだ。衛生的だとか買物に便利とか。

この農家は、三世代同居である。しかし、長女の婿は北京市で出稼ぎをしている。農業は父母と長女が従事していて、一家としての年収は四万元になる。子供の通学のために社区に転居したというのは、最近の教育への関心の高さを表している。社区での生活への不満は農外就労先である。出稼ぎしている長女の夫が社区に戻ってきて就労できることを望んでいる。集住化と労働市場との関連という問題がここに現れている。

《事例8》　面接対象者は妻。二階に入居。

①家族状況

夫（四一）、妻（四二）、長女（二二）、次女（一二）の四人家族。夫は中学校卒で共産党村支部の書記をしていて、農業に従事している。妻は小学校卒で農業に従事している。長女は専門学校を卒業して休職中で、次女は小学校に在学中である。

自分は、孔村鎮の出身で五人兄弟の五番目。一九九〇年に紹介されて結婚した。夫は、同じ村の出身で三人兄弟の一番目。夫の妹二人が済南市中に住んでいる。

転居前は平屋建てで九間あり一八〇平方メートルだったが、社区では二階部分で一二七平方メートルとなり、居住面積は三割減った。

転居前は義父母が同居していたが、転居後は義父母と自分の両親が一緒に同居して、同じ棟の別の部屋に住んでいる。

②仕事の状況
農地は八人分で一五ムー。そのうち一四ムーは平陰県特産のバラを栽培し、四ムーは糧食を栽培している。その他にハウス栽培用に三ムーを借りている。

トウモロコシは去年六ムーだったが、今年は四ムー作付し一ムー当たり六五〇キログラム、小麦も去年六ムーだったが今年は四ムー作付し、ムー当たり五〇〇キログラムの収穫があった。今年四ムーになったのは緑化のために土地を貸したからで、賃貸料として一ムー当たり年に六〇〇元を受け取る。耕作は義父母と自分が従事している。転居前には鶏を一〇羽飼育していた。

ハウス栽培は二〇一二年に始めたもので、三一〇万元を借りて投資した。ピーマンと野菜を三ムー栽培している。主に自分が従事し忙しい時はパートを一日四〇元で雇う。

そのほかにバラを一一ムー栽培し、つぼみを出荷する。義父母が従事している。

トウモロコシの収量が去年は四、五〇〇キログラムあり、五〇〇グラム当たり一・〇一元で仲買人に売った。小麦は今年一、五〇〇キログラムで、五〇〇グラム当たり一・一七元で売った。純収入は六ムーで六、〇〇〇元になる。ハウス栽培は売上額が四万元で純収入は二万元になる。バラは売上額が九万元で純収入は八万元になる。政府の補助は一ムー当たり一二五元で、六ムーあるので七五〇元になる。

養老補助は一人当たり年に一〇〇元で、二人分の二〇〇元になる。

そのほかに夫が党書記をしていて、月に基本給として四六〇元を受け取る。その年収入は一〇、七〇〇元くらいになる。

転居後は旧村が四キロメートル離れているので、自分はバイクで義父母は三輪自動車で通っている。

③住宅と移転の状況

入居したのは二〇一二年七月で、村全体で一斉に転入した。転居は自分で希望した。というのは子供の通学や臨時雇いをするのに便利だから。

古い家屋は一一万元余りになったが、新居は一平方メートル当たり一、二〇〇元の価格だった。内装や家具で五～六万元かかった。自分で出費したのは二万元余りになる。補助は四万元あった。

社区には満足している。清潔で便利だから。買物が少し不便だ。大きなスーパーがない。スーパーがあればもっと便利なのだが。

④生活の状況

家庭内での重要な事柄については、誰かが適切なことをいえばそれにしたがう。大きな事には自分はかかわらない。日常の買物や子供の世話は自分がする。家事分担に変化はない。

転居前の近隣とは転居後も行き来していて、おしゃべりする。旧村の近隣が来ているので新しい近隣はいない。親戚との関係も以前と同じで変化はない。

病院は旧村には医務室がなかった。転居後は孔村鎮上に行く。買物も転居前は商店がなかった。転居後は孔村鎮上に行く。一五分で行けるので便利だ。

娯楽は、転居前も転居後もテレビとおしゃべりだ。日常生活の消費は以前と同じ。買物は便利になった。

子供への希望は、長女はいい仕事が見つかること。次女は大学で勉強し就職がうまくいくこと。長女にはこの社区で部屋を買ってあげている。年をとったら一人でひっそりと暮らす。もっと年をとった時は子供の世話になりたい。

父母たちは元気なので自分のことは自分でしている。経済的援助は必要ない。実父は漢方医で収入があるし、バラの収入はかれらのものにしている。ときには菓子などを買ってあげる。父母を養老院に入れるというのは賛成しない。その時は夫妻で世話をするつもりだ。

家庭での困難はない。最も望むのは子供の仕事が見つかること。

⑤生活意識

現在の生活はとてもいい。望みは子供の仕事が見つかること。

生活に不満はない。設備で望むのはガスを供給してほしい。公共トイレがほしい。将来の農業経営は、できるだけ旧村の耕地は貸してハウス栽培とバラ栽培にしたい。旧村は耕地が遠すぎるし収益が低い。生活上はとてもいい。

県城の魅力はまあまあだ。県城へはあまり行かない。遠くへは行ったことがない。鉄道に乗ったことがない。


この農家は、農業経営に重点を置いていて、穀物、ハウス栽培、バラ栽培をしている。その収入が合わせて一一万元近くになる。しかし、バラ栽培は義父母が従事しているので、この農家の実際の収入は、ハウス栽培が主となり、夫の党書記の手当を含めて四万元弱というところだろう。もちろん高収入である。多忙なときに農作業従事者を臨時に雇うということからも、大規模農家ということができる。ハウス栽培とバラ栽培に特化しようとしていて、それが旧村の耕地の遠さへの不満になっている。将来について子供の安泰を願っていて、社区への転居も子供の通学のためだというが、臨時雇いをするのに便利だからという理由もある。注目されるのは、鉄道に乗ったことがないということで、平陰県には鉄道が通っていないからでもあるが、農民の日常的な行動範囲の狭さを表している。

《事例9》 面接対象者は夫。五階に入居。

①家族状況

夫の母親（七〇）、夫（四五）、妻（四〇）、長男（一四）の四人家族。

自分は、職業高校卒、炭素製品製造会社で働く。土地は七割を貸して三割で耕作している。孔村鎮の出身で四人兄弟の三番目。一九九六年に紹介されて結婚した。妻は、別の鎮の出身で四人兄弟の三番目。転居後に鎮上の環境衛生会社で働く。

転居前は平屋建てで七間あり一一〇平方メートルだったが、社区では五階部分で屋根裏付き一二五平方メートルとなり、居住面積は少し増えた。家族構成に変化はない。

②仕事の状況

農地は自分で耕作しているのは三・八ムーで、その他に八ムーを貸している。トウモロコシは三・三ムーで栽培し一ムー当たり五〇〇キログラム、小麦が三・八ムーの栽培で一ムー当たり四五〇キログラムを収穫する。自分が農作業に従事していて母親がときどき手伝う。耕地は社区から四キロメートル離れているのでバイクで通う。転居前は羊二〇頭と鶏を飼育していたが、今は飼育していない。その他に自分が落花生を〇・五ムー栽培しているが販売しない。トウモロコシは一、五〇〇キログラムを五〇〇グラム当たり一・〇一元で売る。小麦は一、〇〇〇キログラムを五〇〇グラム当たり一・一六元で売る。年収入は五、〇〇〇元で純収入は二、五〇〇元になる。政府の補助は四五〇元ある。賃貸料は五、〇〇〇元余りになる。

自分は炭素企業で保険がある契約社員として働いていて、給与は月二、六〇〇元になる。妻は環境衛生会社で臨時雇用で働いて、月六〇〇元を受け取る。

転居後の変化は、農業では耕作地が一〇ムーから三・八ムーに減り、羊や鶏の飼育をやめたこと。妻が農作業従事から臨時雇用になったこと。収入が増加したこと、など。

③住宅と移転の状況

入居したのは二〇一二年六月末で、村全体で一斉に転入した。転居は自分で希望した。子供の入学が近いので通学が近いところを探した。

古い家屋は八五平方メートルを壊した。自己資金は四・八万元で新居に買い替えた。補助は四万元あって家具の購入などに使った。自分の出費は全部で一一万元になる。これには三〇平方メートルの車庫を含む。車庫は村から一万元の補助があり自分で四・七万元を出した。

社区に不満はないが、農地が遠くてバイクがないと行けない。生活費用は増加した。食事の内容がよくなったし多くなった。冷蔵庫を買ったので電気代が増えた。

④生活の状況

家庭内での重要な事柄は自分が決める。こまごましたことは妻と母親が決める。日常の買物や子供の世話、家事は妻がする。

近隣関係は転居後も続いていて新しい近隣はいない。親戚関係にも変化はない。

病院や買物は、転居前は孔村鎮上で不便だった。転居後も孔村鎮上に行く。

娯楽は、転居前はテレビ、転居後はテレビとおしゃべりで、広場でおしゃべりしている。日常生活は以前と同じではなく、肉を買って食べることが多くなった。生活条件がよくなった。

子供に望むのは、ちゃんと育つこと。学歴は言うのが難しいが、有名高校や有名大学へ行ってほしい。子供が結婚したり自分たちが年をとったら子供と同居したい。老人の世話は妻がする。経済的援助は同居しているので必要ない。父母を養老院に入れるのは賛成しない。自分でできるうちは自宅で介護する。養老院に入れると国家に負担をかけてしまう。養老院は孔村鎮上にはあるが社区にはない。老人や子供の世話で転居後に変化はない。

家庭生活で困難なことはない。母親は妻が面倒を見る、というのは妻の姉妹はできないので。

⑤生活意識

生活の目的は、以前は仲良く暮らすこと。今後は子供が大きくなったら部屋を買ってあげること。理想の生活といっても今は足りている。食事が十分であればそれでいい。

生活の不満はない。「足るを知れば常に楽しい」というとおりだ。望むのは社区にスーパーや医院がほしい。将来のことでは、耕作を続ける。農業をしないのはよくない。土地を貸したくない。生活には満足している。村幹部に望むのは、自分で耕作できなくなった時に土地を転用してくれること。

県城にはあまり行かない。年に四、五回くらい。県城のビルも社区の建物には及ばない。最も遠くには山西省に石炭を買いに行ったことはある。鉄道に乗ったことがない。

この農家は、夫が平陰県の基幹産業である炭素製品製造会社に勤務している。妻も社区への移転後に臨時雇用で働くようになった。農業も継続しているが、その収入は少なく、むしろ耕地の賃貸料のほうが多い。収入の全部を合わせると四万元になる。社区の生活にも満足していて、生活条件がよくなったという感想になっている。注目されるのは羊や鶏の飼育をやめたことで、これは他の事例にもあることだが、社区へ入居したことで家畜の飼育ができなくなった。それで、農業をやめた農家が野菜を買うのと同じように、自家用の肉や卵を購入しなければならなくなった。

《事例10》 **調査対象者は夫。一階に入居。**

①家族状況

夫（七八）と妻（七二）の二人家族。ほかに長男（五〇）と長女（四七）がすでに結婚して他出している。夫も妻も小学校卒。

自分は、孔村鎮の出身で四人兄弟の三番目。一九五八年に人の紹介で結婚した。妻は、別の村の出身で六人兄弟の五番目。

転居前は平屋建てで一三〇平方メートルだったが、社区では一階部分で一〇五平方メートルとなり、居住面積は二割減った。家族構成に変化はない。

②仕事の状況

農地は一人当たり一ムーで二人分の二ムーある。そのうち一・六ムーを貸している。残り〇・四ムーでトウモロコシを栽培し四〇〇キログラムの収穫になる。

農産物は販売していない。政府の補助は月七〇元を四人分で二八〇元受け取る。

子供に援助を頼むのは難しい。子供に迷惑をかけたくないから躊躇している。養老の補助は月七〇元を二人分で一四〇元になる。

③住宅と移転の状況

入居したのは二〇一二年六月で、村全体で一斉に転入した。転居は自分で希望した。

転居費用は七万元で、長男が銀行から借りた。暖房費や管理費などは補助が出る。

基本的に満足しているが心配もある。生活を考えると今後の出費が心配だ。社区には基本的に満足しているが、公共衛生施設やスーパーが必要だ。

④生活の状況

家庭内での重要な事柄は相談する。日常の買物や家事は妻がする。

転居前の近隣関係はあった。今もお互いに行き来している。娯楽や連絡、気配りなど。新しい近隣関係もある。お互いに気配りする。親戚関係は正月や祭日の連絡や気配りで、転居後も変化はない。

病院や買物は、転居前は別の村へ行った。転居後は孔村鎮上で、大きな病気は県城へ行く。

娯楽は転居前には登山。転居後は付近の清掃を娯楽としてするのが気持ちいい。日常生活では消費が増えた。以前の倍以上になった。

子供に望むのはよく過ごすこと。子供が結婚したら同居したい。今も同居しているから。将来年をとったら必ず同居したいと強く願っている。父母を養老院に入れるのは賛成しない。というのは子供の名誉を考えるから。自分自身も行きたいと思わない。

家庭生活の最大の困難は、支出が不足していること。その解決を期待するのは、政府や村民委員会の補助が増えることだ。

⑤生活意識

生活の目的は、以前も今も身体が健康なこと。これは子供の負担を軽くするためだ。理想的な生活は、自足できること。将来も生活が自足できること。

公共衛生施設やスーパーを望む。村幹部は高く賞賛したい。

県城の魅力は経済レベルが発展していること。

この農家は、老夫婦世帯で、収入はほとんどなく、政府からの農業への補助や養老補助に頼っている。この世代になると非識字者もいるので、小学校卒はそれほどの低学歴とはいえない。財産が蓄えてあるわけでもなく、社区へ転居して生活費が増加することが問題である。子供の仕送りに期待しようとはしないが、これは子供に迷惑をかけたくないからで、養老院へ入ることを望まないのも子供の「面子（＝体面や名誉を重視すること）」を考えるからである。

対象農家の現状

調査した面接対象者の年齢をみると、二〇代が一人、三〇代が三人、四〇代が三人、六〇代、七〇代、八〇代がそれぞれ一人である。男性五人、女性五人で、バラエティに富んでいる。

旧村の村ごとに一斉に入居してきたのは七戸で、個別に転入してきたのは三戸である。社区への移転によって居住面積はほとんどが減少している。しかしそれへの不満は出てきていない。それよりも、居住環境が整ったことへの満足感が表明されていて、生活の質的な向上が歓迎されている。

経営状況からみると、いわゆる専業が二戸だが、これは、党幹部の農家と、老夫婦世帯の農家である。兼業が四戸で、このなかには大規模農家もいる。離農した農家は四戸で、耕地は賃貸している。離農している場合は、次節で検討する事例の村がそうなのだが、旧村が山あいにあり、社区に移転したことで耕地が遠距離になってしまったことも原因として考えられる。

経済水準をみると、高収入の農家が多く、年収が数万元にもなる。年収一万元を切る農家は三戸である。高収入の農家が多いのは、対象農家を有為選択で決めたことによるもので、この地域の一般的な傾向とはいえない。

低収入階層として〈事例10〉の農家が参考になるだろう。中国社会とくに若者層が流出している農村社会での高齢化の状況を如実に示している。これまでの農村生活では出費が少なくても暮らしていけた。しかし社区での生活になると生活費が増えてきて、かなり困難になっている。電気、水道などの生活上の基礎施設にかかる経費や管理費、また、これまで自家用で賄っていた農産物の購入費、これらが重くのしかかってきている。鶏の飼育ができなくなったので卵を買わなければならず、場合によっては基本的な食糧である小麦も買わざるをえない。所得が低いだけではなく財産も少ない農家にとっては厳しい状況だといえるだろう。

対照的なのは〈事例9〉の大規模経営農家である。社区への転居をむしろ好機ととらえて、商品作物それも農地面積がそれほど必要ではなく単価の高い農産物であるハウス栽培やバラ栽培に取り組んでいる。社区が市場に近いことが有利になっている。

また、兼業農家も、農業を営むだけではなく、農地を賃貸してその収入を得るとともに、農作業から離脱して農外就労するという、多様な収入源を確保しようとする家族農業経営特有の収入構造になっている。

さらには、党幹部や村幹部がいる農家は三戸あるが、これらの農家も経済状況は悪くはないか裕福である。

こうしてみると、学歴、世代、職種などの要因が絡んで、経済状況の分化が生じているようにも思われるが、本調査は事例研究なので、一般化はできない。

生活面で注目されるのは、通婚圏や購買圏の狭さである。結婚のきっかけはほとんどが知人の紹介で同じ村か隣の村のもの同士が結婚するという形態であり、いわゆる恋愛結婚と思われるのは〈事例3〉だけである。この夫婦は学歴が高く、つまりは高学歴であれば生活圏が拡がり、異性との出会いの機会も増えるということだろう。

他方で、済南市といった大都市への意識はそれほど強いとは思われない。平陰県城にすらあまり出て行かないようである。〈事例8、9〉の場合のように、鉄道利用の経験がないということは、行動の範囲が想像以上に狭いことを示している。高収入であっても四〇代の小学校卒となると、外の世界とのかかわりが弱くなってしまうのだろう。

社区での生活状況については、一様に生活条件が改善されたと評価している。住居が現代的になり、とくに衛生的になったことへの満足感が示されている。また、公共施設や公共サービスへの評価も高い。「公共文化サービス体系」の建設が最近の政策目標として掲げられているが、今後の農村社会にとって重要な鍵となると思われる。

第三節　インフォーマント・インタビューから

以下では、孔村鎮で実施したインフォーマントへのインタビューによって得られた結果を示すことにしたい。

晁峪村の事例(4)

この村は五四戸、一五〇〇人で、旧村では、総面積三、八〇〇ムーのうち耕地面積は六〇〇ムー、宅地面積は八二・五ムーだった。山村なので企業はない。二〇年前までは小学校があった。当時は中学校へ通学するには李溝郷に寄宿した。高校は平陰県城に行く。

①村の構成

村幹部は三名いる。主任、文書・会計・民生担当委員、婦人・青年・計画生育担当委員（女性）だ。村民委員会の下に、民主・婦人・衛生・治安の担当部がある。主任と党支部書記は別人で、この四人が党支部の委員を兼ねている。兼任しているのは村民の負担を減らすためだ。村の議事は党員一三名全員と村民代表一〇名で会議をおこなう。

全戸をグループに分けることはしていない。紅白理事会はあるが、娯楽サークルなどはない。というのも若年層が村から出ていって高齢者しかいないからだ。老人の娯楽はトランプとおしゃべりが主で、社区に移転してからは別の村民と遊ぶこともある。

基本的に老人の一人暮らしはいない。子供と一緒に住んでいる。独身の老人が二人いたが養老院に入った。三世代家族も多くはないが存在する。

村民の平均収入は七、〇〇〇元で、孔村鎮では中程度になる。主に農業収入だ。牧畜業では羊を三分の二の村民が飼っていた。一戸で二〇〜一〇〇頭程度だ。羊と山羊とが半分ずつになる。そのほかには花椒（＝中国の香辛料の一つ）の栽培で一万元の年収を上げる者もいる。柿やクルミの栽培もある。耕地ではサツマイモ、綿花、トウモロコシ、落花生などを栽培している。サツマイモが二分の一を占め、綿花は一五〇ムーほどだ。

②移転の経緯

二〇一二年五月に全戸が一斉に孔村中心社区に移転した。もともと山村から出ていきたいという願望があった。さらに「土地の増減の関連づけ」という国の政策があったので移転することにした。居住環境をよくして生活水準を高めたかった。

社区の住居は、七五平方メートル、九七平方メートル、一〇五平方メートル、一二五平方メートルの四種類があり、家屋を評価する会社による旧村の住居の査定価格で区別して、それぞれの住居に入った。旧宅地は七〜八万元の評価を受けている。普通に売ると数千元にしかならないので、移転には誰も反対しなかった。普通に鎮上でマンションを買うと二〇万元もする。社区の住居はだいたい一平方メートルを一、〇〇〇元で計算する。三期にわたって建設しているが、しだいにこの値段も上がってきている。三期目では一、四〇〇元する。旧村の家屋の評価の高い人が最初に住居を選び、次の人がまた選ぶ、というようにして入居先を決めた。普通はロフトがある五階に人気がある。最上階でも自分の母親などは九〇歳をこえるが平気で上がっている。旧村で近所だった同士が社区でも近くに入居するわけではない。だが旧村と違って、ここでは別棟でも距離的に近いので、近隣関係は変わらない。

旧宅地の面積が八二・五ムーあり、これを全部耕地に転換した。その費用は県政府が支出して、専門業者が工事を請け負った。業者は農業会社でも個人でもよく、この村の者でなくてもいい。旧宅地の補償金として一ムー当たり一六・二万元を受け取るが、社区の敷地面積として五四戸全部で一五ムーを使ったので、旧宅地面積八二・五ムーから社区の敷地面積一五ムーをひいた残りに一六・二万元をかけた約五〇〇万元が手元に入った。だから村民に費用はかからなかった。いまだに二〇〇万元近くが残っているので、投資会社に預けて利息を村民の福利厚生費にしている。実際には米と小麦を配っている。

晁峪村のほかに、張山頭村の五五戸、二〇〇人、王庄村の一五〇戸、六〇〇人、の三つの村が全戸で移転していて、この三村は基本的に合併して一つの組織になる予定だ。しかし現在では、それぞれの村の名前や村民委員会はまだ残っている。旧村を指すのに私の村という言い方もしている。村民委員会の事務室は社区の一階にあって、会議室では村民の集会も開いている。社区管理委員会へと改組するのはまだで、そのための話し合いの最中だ。この三村のほか

資料5−1

晁峪村村民自愿搬遷聯名書

我是孔村鎮晁峪村村民，自愿無条件服従鎮政府及村委会一切搬遷協議内容，本簽名代表戸主及全家人的意愿。

簽名人：〔署名〕〔署名〕〔署名〕　……
　　　　〔拇印〕〔拇印〕〔拇印〕　……
　　　　……　……　……　……
　　　　……　……　……　……

二〇一二年五月三日

に四〇村がこの社区に入っている。これらの村は個別に分散して移転してきた。

数は少ないが移転への反対意見はあった。たんに村から出ていきたくないというのではなく、旧村では家屋を二つもっていたのに社区では住居を一つしかもてないのが嫌だ、というような反対だった。これに対しては、旧村の二つの家屋に対して社区の一つの住居を提供し、もう一つについては金で精算するという方法と、旧村の二つの家屋の面積をあわせて社区の面積の大きい住居を提供するという方法をとった。村民全員から承諾の署名をもらった（資料5−1）が、村幹部が各戸を回って、一日半もかからなかった。

③生活の変化

入居して三ヵ月ちょっとだが、すでにいろいろな村民がいろいろな仕事に就いている。環境保護の会社、工場、レストランなどのサービス業など。孔村鎮のなかに企業が多いので就職先に困らない。孔村社区と工業園区は一キロメートルしか離れていない。炭素製品製造会社が入っていて、従業員は一万人以上いる。この企業があることも社区を作る要因の一つになった。しかしやはり「土地の増減の関係づけ」という政策によることが大きい。炭素工場で働いているのは二〜三人。集合住宅の管理人をしているのも二〜三人いる。全部では十数人が職に就いているが、そもそも兼業していた人は少なく、社区に移転してから探した仕事が多い。平陰県以外で働いている人は少ない。北京の建設現場には七～八人が出稼ぎしている。済南市への出稼ぎは少ない。

村民は、設備が整った住居で生活条件が改善されて喜んでいる。入居して慣れないことは、料理の仕方が違ってて電化製品を使うこと、ゴミを勝手に捨てられないこと、トイレの使い方、などだ。これに対して、村民委員会が学習会を開催して訓練した。これで衛生上の悪習慣を変えることができた。

墓はそのまま維持している。公共の墓地も作っている。県にもあるので、そこの墓に移ってもいい。

現在の問題は、いかに生活水準を上げ、そのための経済収入を増やせるか、ということだ。旧村からは一七キロメートル離れていて村民が通って耕作するのは困難なので、経済収入を減らさないことが一番の問題となっている。耕地面積の六〇〇ムーを賃貸できないかと模索しているが、いまだに耕作している。今年（二〇一二年）の秋に収穫に行くが、冬小麦の時には、話し合いが進んで耕作しなくなり、農業会社に全部を賃貸するだろう。今後は農産物がすべてなくなる。すでに羊や山羊は飼わなくなった。そうなると、収入は請負の賃貸料と農業会社で雇用される給料になる。労働者として働くといっても、誰が、どのくらいの収入で、ということはまだ話になっていない。二〇一〇年にクルミ一万株を植えて有機栽培している。一ムー植えると国から四〇〇元の補助金が出る。これはそのまま賃貸する。それ以外は、なにを栽培するかは請け負った農業会社が決める。農業会社は平陰県ではなく北京や済南市の龍頭企業だ。林野については、その使用権を全戸に分けた。村全体の耕地や林野の賃貸料は五〇～六〇万元と話している。それを使用権に応じて分配する。

以上のインタビューの結果には、新型農村社区建設の典型的な事情が示されているといえるだろう。この村は、もともと山村で、対象者は孔村鎮のなかでは中程度と言っているが、農業以外の収入はほとんどなく、むしろ貧しい部類に入ると思われる。したがって、社区への移転は、住居の改善だけではなく、就業機会や教育機会の増加、購買圏の拡大などのねらいがあったのである。いわば貧困からの脱出を望んでいたところに、社区建設というチャンスがやってきたわけである。そこで、「土地の増減の関連づけ」という政策をうまく利用して、移転費用をまかなっただけではなく、二〇〇万元近くの余剰金を生み出している。これを村民の福利厚生に使うことによって、村民の生活水準の向上に努めている。こうした条件のもとでの移転だったので、村民が賛同するのも無理はなく、承諾の書名を集めるのに一日半もかからなかったというのも当然だろう。

移転後の就労状況をきくと、農外に就労しているのは、移転後に就業した者が多い。それだけ労働市場があったということである。旧村にいた時には、農外就労をするには出稼ぎするしかなかったが、社区に来てからは通勤が可能になった。孔村鎮の経済成長と工業園区の設置の効果があったということだろう。

だが、農業面では耕地と林野をすべて賃貸するので、完全に離農することになる。そうなると多額の賃貸料が入るので、農外就労の意欲が減退するかもしれない。あるいは、賃貸料だけでは生活水準を向上させるには不足するので農外就労が必要だとなるかもしれない。農民の今後は、経済環境や生活状況の変化によって大きく左右されると思われる。

晁峪村党書記の個別事例(5)

孔村鎮晁峪村の党書記は、第二節で紹介した〈事例4〉の農家である。以下のインタビューは、二〇一三年の面接調査よりも前におこなったものである。

①家族の状況

家族構成は、自分（六三）、妻（六二）、母親（九四）、他出している娘四人だ。自分は小学校卒で、卒業以後は農業に従事している。娘四人のうち三人は平陰県城にいるので、月に二回戻ってくる。済南市にいる一人は戻ってくる回数は少ない。娘夫婦がこの社区に入居することはない。娘を育てるのは大変だった。当時は受託をして三〇ムーを耕作していた。旧村では何代も続いた家だったが、ここは自分の代で終わる。遺言には娘四人に四分の一ずつと書いている。

②住宅の状況

社区に入居している住居は、一二五平方メートル、三ＬＤＫで、トイレが二つある。村では一番遅く引っ越してきた。内装は自分で設計するので、家ごとに異なる。この内装と家具も含めると五万元かかったが、この金額はどの家もだいたい同じだ。妻が二級障がい者なので、そのための四輪車をもっている。これは一八、〇〇〇元かかった。

③収入の状況

農業は、四女をのぞく五人分の家族請負地一〇ムーを、一ムー当たり年間一〇〇元で二年前に委託している。相手は村民だが親戚ではない。だから書記の幹部手当以外に収入はないが、娘からの仕送りはある。書記手当は基本給が三五〇元で、評価分が加算されて、平均して月当たり九〇〇元になる。これは村によって異なり、七～八〇〇元から一、〇〇〇元の幅がある。

今の給料で生活するのはきつくなった。母親の収入は自分よりも多い。というのは、三〇年前に炭鉱で弟が死亡し、月に九〇〇元がもらえるからで、それ以外に月に一〇〇元（これは市と県が六対四で負担する）の補助金、さらに月に六〇元の補助金も出る。娘の仕送りは四人合わせて年間一万元になる。

④生活の状況

食事は自分が作る。社区内にスーパーを作る予定はあるが、まだできてないので、孔村鎮上まで自転車で買い物に行く。娯楽はとくにない。つきあいの会合はないが、近隣には行き来している。旧村でも年中行事や祭りはなかった。引っ越して一番便利になったのは野菜を買うことだ。旧村では客が来たときに準備するのが大変だった。社区では自分で料理できるしレストランもある。逆に悪くなった点はない。生活はいいと思う。旧村の生活条件があまりに悪かったので、今は旧村に戻りたいという気持ちはない。

朝起きて散歩するが、入居者が多いので村民とも会う。こういう生活になったのには自分も驚いている。娘は社区に移ってよかったと言っている。というのは、旧村は道路が一つしかなくバスも通っていなかったが、今は県城から一〇数分で来られるからだ。今後は引退して、母親の面倒をみながら自分の健康を保とうと思っている。引退すると手当もなくなる。

この対象者は共産党村支部の書記であり、その手当が年間一万元余になる。そのほかに娘四人からの仕送りが一万元、母親が受け取る補助金が一二、〇〇〇元余になる。合計すれば三万元を超えるので、家計としては低くない金額だと思われる。それでも当人は、社区への転居で生活が苦しくなったという。生活費の増加を実感しているのだろう。旧村での生活があまりに悪かったので社区の生活はいいという感想は、党幹部としての立場からの発言というよりも、本人自身の本音に近いといっていいだろう。それだけ、旧村の生活環境が厳しかったのである。社区に転居して県城が近くなったことも、生活の変化として大きい。当人は娘の来訪の便利さをあげているが、村民全体にとっては、県の中心部へのアクセスが容易になったことによる就労機会や教育機会の変化が、今後の生活状況に影響すると思われる。

張山頭村の事例(6)

村の党書記へのインタビューである。

①移転の経緯

村の移転はすべて終わった。自分も含めて六二戸が一斉に二〇一二年七月に入居した。住居面積は一一〇平方メートルが基準で、これは無償で入ることができる。これより一平方メートル多いと一、二五〇元を支払わなければならない。逆に一平方メートル少ないとその分を払い戻される。住居面積の大きさは、旧村の家屋の評価がよければ面積が大きくなり、評価が低ければ小さくなる。村では、一戸当たり二万元を出して、家具を買い揃え、車庫を設置した。この二万元は村が貯蓄していたものだ。内装はすでにしてあったので、基本的には無償で入居できたということだ。

一棟に村の全戸がまるごとではなく分散して入居した。というのは、棟によって住居面積が違うからで、各戸の面積が異なるから別の棟に入居せざるをえない。住居面積は、一二七平方メートル、一〇五平方メートル、九七平方メートル、七五平方メートルがある。七五平方メートルは狭くて人気がない。

移転の話が出てから村民が同意するまで二年間かかった。老人の反対が多かった。というのは、集合住宅になると階段が上がれないというイメージがあったから。しかし、移転してみると集中暖房があるので、暖かくて社区の方がいいとなった。

②社区の状況

村の組織はそのままで、村に負債はない。

旧宅地は耕地にした。村の土地として所有している。社区からは四・五キロメートルあり、面積は五〇〇ムーだったが、八九ムー増えて六〇〇ムー以上になった。基本的には委託している。個人が受託して果樹園にしている。この受託人は平陰県の者ではなく、受託できると聞いて外からやってきた。耕地ではもともとは小麦とトウモロコシを栽培していた。

張山頭村の収入は八九ムー分の土地の賃貸料で、一ムー当たり最初の四年間は二〇〇元、四年後からは六〇〇元だ。逆に、社区の土地には権利がなく、建てた建物の権利があるだけだ。同じ村民同士ならば住居を売買できるが、外の人には売却できない。もし外の人がこの社区の住居を欲しいのならば、村に戸籍を移すしかない。だから社区の住居は、商品というよりも福利厚生の一環という感じがする。

旧村の晁峪村、王庄村とこの村の三つの村が全体としては中心地区でまとまっている。鎮政府から二人の幹部を派遣してきて、三村のまとめ役をしている。三村は一社区にまとまって都会の社区のようになるだろう。そうなると、村の意識はなくなり賃貸料しか残らなくなる。

各棟には自発的なものだが「楼長」がいて、通知があると伝えたりする。「物業費」といって共益費を一平方メートル当たり二角支払っている。このやり方は都市と同じだ。衛生面は鎮政府の環境衛生が担当している。ほかに天然ガスを集中暖房に使うので、一平方メートル当たり一三元の暖房費がいる。この暖房は鎮政府が供給している。

就業先は基本的に企業に雇用されている。年配者は社区の清掃などに従事している。炭素工場で働いている人もいる。

③生活の変化

村内の人間関係に変化はない。行き来も旧村の住民同士としている。活動センターがあって誰でもそこに行ける。

新しい近隣関係もできている。老人が一人でいるとみなが付き合いを始める。入居後に結婚式があったが、そのやり方はこれまでと変わらない。二〇〇〇年代以降は飯店を会場にするようになっている。墓地は旧村にある。今もそのままで、火葬にしてそこに埋葬する。

ここの村民には一人暮らしはいない。子どもと一緒が多い。一人になると鎮上の養老院に入る。一キロメートル以内の近いところにある。

よいこととしては、収入が増えた。旧村では農業以外の仕事はなく、若者は出稼ぎに出て行った。社区では、老人も清掃作業などやりやすい仕事がある。高齢者向けの仕事を用意するというのも社区建設の計画にある。街路樹や花への水やり、道路の清掃などだ。若者も、以前は広東省などへ行ったりしていたが、今は出稼ぎせずに、近辺の企業で働いている。この辺の就業先はとても多い。企業が十数社はある。鎮や県まで含めればもっと多い。

今とくに困っていることはない。旧村では近隣の言い争いがあって仲裁しなければならなかったが、今は人々の素質がよくなってそういうことはない。

ここでは外で煮炊きするというようなことはみられない。お祭りや踊りは少なくなった。今は忙しくなったので、そういうことをする機会が減った。今は「広場舞」といって社区の文化広場で夜にダンスをやっている。

この張山頭村も、晁峪村と同様に全戸で一斉に社区に移転してきた。だが異なるのは、住居面積が異なっていると別々の棟に入居せざるをえなかったことで、それが社区での近隣関係に影響を与えている。一棟に旧村の住民がまるごと入居する場合は、ほかの村からの入居者とかかわりをもつ機会が少なくなってしまうが、そうではなく、新しい近隣関係ができている。旧村の住民の往来も相変わらずなので、近隣関係はむしろ豊かになっている。

注目されるのは、社区の新しい住居を、商品というよりも福利厚生の一環だととらえている点である。現在の中国では、土地の所有権は個人にはないが、マンションなどの不動産は私有できるので、いわゆる転売によって利益を得ようとする行為がよくおこなわれている。しかし、この社区では住民同士の売買しか認められていないので、そうした行為をとることはできない。そこで福利厚生の一環だと言っている。社区の住居の獲得を、経済的な利益のためではなく生活水準の向上のためととらえているわけで、たんなる不動産入手とは異なっている。

収入が増えたことに満足感を示しているが、他方では、忙しくなって祭りや踊りをする時間の余裕が減ったと言っている。戸外で煮炊きすることもできなくなり、農民的な生活文化から、都市と同様の労働者的な生活文化へと転換していく徴候が現れているといえるかもしれない。

【注】

（1）以下の叙述は、二〇一一年三月におこなった県政府での聞き取りによる。
（2）以下の叙述は、孔村鎮簡介、二〇一二、および二〇一二年九月におこなった鎮政府での聞き取りによる。
（3）以下の叙述は、孔村鎮中心社区簡介、二〇一二、および二〇一二年九月におこなった社区委員会での聞き取りによる。
（4）以下の叙述は、二〇一二年九月一二～一三日におこなった孔村鎮晁峪村の党支部書記への聞き取りによる。
（5）以下の叙述は、二〇一二年九月一三日に、晁峪村の概況に引き続いて党支部書記自身についておこなった聞き取りによる。
（6）以下の叙述は、二〇一五年三月一八日におこなった孔村鎮張山頭村の党支部書記への聞き取りによる。

【引用文献】
孔村鎮党委政府、二〇一二：孔村鎮簡介、二〇一二年二月。
孔村鎮中心社区社区委員会、二〇一二：孔村鎮中心社区簡介、二〇一二年。

第六章

錦水街道における農村社区化

何　淑珍

平陰県城近くに建設予定の団地の模型。(2012年３月13日撮影)

第一節　錦水街道の概況と農村社区化の現状

錦水街道は、平陰県の管轄下の行政区の一つであり、県政府所在地である県城の西部に位置している（図6－1を参照されたい）。平陰県の行政区には七つの鎮があったが、二〇一〇年にその一つである平陰鎮を二つの街道として編成した。その一つが錦水街道である。錦水街道の管轄内には、二二の行政村があり、総人口が三二、〇七四人（二〇一一年時点）、総面積は四〇平方キロメートルである。

図6−1　前阮二社区の位置

錦水街道の管轄内には六つの「城中村」がある。つまり、既存の村がそのまま県城の中に位置しており、村の跡地で社区が建設された形式である。新型農村社区建設として重点的に造り上げたのが前阮二社区、東子順社区、盆王社区である。その中でも、前阮二社区は全県においていち早く新型農村社区建設に着手した社区である。本章では、県城から五キロメートル離れた西北に位置している前阮二社区（図6－1を参照されたい）を対象地として一〇戸の農家を選びアンケート調査を実施した結果を分析する。

前阮二社区は、平陰県の新型農村社区建設の重点社区であり、建設用地は八・六ヘクタール、緑化率八・〇パーセ

写真6-1　解体前の前阮二村の写真（2013年８月20日　筆者撮影）

写真6-2　新築された前阮二社区の全貌写真（2013年８月20日　筆者撮影）

ントで、一人当たりの公共緑地面積は四・二平方メートルとして企画された。二〇〇八年初頭から建設工事がはじまり、二〇一四年八月に工事が完成した。二三〇平方メートルの二階建て別荘型の住居が三二四戸と、一二〇戸が入居可能な高層ビルを三棟建設した。総建築面積は九万平方メートル余であり、総投資金額は一・二億元である。

この社区に移転してきたのが前阮二村であり、この村は元々黄河の河沿いに位置しており、村ごと移転した。移転時期は四期に分かれて行われ、二〇一四年八月にはすべての農家の移転が完了した。旧村の三九六戸の

写真6-3　前阮二社区の夏風景（2013年８月20日　筆者撮影）

写真6-4　前阮二社区の道並み（2013年８月20日　筆者撮影）

家屋の解体が完了し、宅地を整地し耕地として復元できた面積が四一六ムーになった。すなわち、この前阮二村を村ごと社区に移転させることによって、新たに増加した耕地面積が四一六ムーとなったのである。

この社区には一、四〇〇人余の人口があり、そのうち三〇〇人余がキリスト教信者である。信者の出資、募金によって教会が建てられた。毎週礼拝が行われている。村書記の話によると、近隣関係がよく、村の雰囲気がよいことはキリスト教信者が多いということと関係している。

ちなみに、前阮二村は、水滸伝の中の阮小二の故郷だといわれている。

本節では、対象農家一〇戸の移転にともなう生活と生産の変化を詳細にみることにする。

《事例1》

対象者は若い一人っ子の女性である。家庭条件は比較的よく、子どもが幼少のため家で子どもの世話をしている。将来は自分で店を開きたいと考えており、生活に対して楽観的な態度を示している。

①家族状況

妻　　一九八七年生まれ　中卒　農業に従事

夫　　一九八八年生まれ　中卒　臨時雇用

息子　二〇一二年生まれ

本村生まれで、一人っ子。二〇一〇年に結婚した。人の紹介によって知り合った。夫も同じ村の出身であり、兄弟三人の三番目。

移転前の家屋は三部屋ある一軒家の平屋で、面積は六〇平方メートルだったが、移転後は一軒家の二階建てで、面積は二三〇平方メートルとなった。

②仕事の状況

農地は七人分で、合計三・九ムーになる。借りている農地はなく、自分の農地を全部賃貸している。社区へ移転する前は、農地を自分で耕作していたが、移転後に賃貸した。農地の賃貸による収入は年間四、〇〇〇元だ。

政府からもらっている補助金はない。

夫が建築業で臨時雇用で働いており、年収は約五万元だ。移転後、収入が少し減少した。

③住宅と移転の状況

社区へ引っ越したのは二〇一〇年の春だった。この村は全村移転であり、自ら志願して移転した。移転費用が一一万元かかり、その費用はこれまでの貯蓄と借金によってまかなった。移転するに際して受け取った補助金が三万元であり、それについては満足している。

社区へ移転したことに対しては、全体的に満足している。なぜなら、全村移転であるため、旧村の近隣が近所にいて便利だから。道路も整備されており、水道、電気が整っているため生活が便利になった。

④生活の状況

家庭内の決め事に対しては夫婦二人で相談しながら決めている。日常生活の中での買い物、掃除洗濯、育児は自分が担当しており、それらは移転前後において変わりはない。

近隣関係については、移転前から付き合いをしている近隣がいて、今も相変わらず付き合いを続けている。付き合いの主な中身はおしゃべりをすること。移転後は新しく知り合った近隣もいて、お互いの家に遊びに行く付き合いをしている。

親族関係については、移転前と移転後も同じく付き合いをしている。その中身は、新年や節句のたびに、あるいは冠婚葬祭の時に行き来することだ。

買い物するのは県城であり、病気の時に通う病院は県病院だ。移転前後の変化はない。

娯楽については、移転前後で変わらない娯楽といえば、テレビを見ることと近隣とおしゃべりをすること、また本や雑誌、新聞などを読んだりすることだ。移転後に新しく増えた娯楽は、広場でのダンスだ。

消費については、移転後に増加した出費は日常雑費とケーブルテレビの費用、携帯電話のパケット通信費だ。子どもの将来については、学歴が高ければ高いほどよく、健康で幸福であればそれでよいと考えている。将来子どもとの同居については、子どもが結婚した時同居するかどうかはよくわからないが、自分自身が年取った時に子どもが同居することは望んでいない。

老人に対する世話については、炊事洗濯などは自分が担当すべきだと考えている。両親は現在子どもからの経済的援助を必要としていない。自分の両親が養老院に入居することに対しては同意できない。育児と老人への世話の面では移転前後で何の変化もない。現在、家庭生活において抱えている問題もなく順調だ。

⑤生活意識

生きがいについては、家庭円満であることが生きがいだ。これからの生きがいについてはまだ考えておらず、理想な生活は子どもが健康ですくすくと育つことで、今の生活に対して不満はない。

県城での施設に対しては、病院と娯楽施設が増えればよい。

将来農業に従事して耕作することはないだろうと考えていて、自分で何かの店を開き自営業に従事したい。子どもについてはもう一人ほしいと思っている。

社区の施設についても、病院と娯楽施設を増やしてほしい。平陰県の県城については、経済的に遅れておりサービス施設が少ないが、近年は以前より改善されている。

《事例２》

対象者は夫である。老夫婦二人で生活しており、子どもたちは皆結婚して独立した。生活面での負担はなく、収入は高くないけれども、子どもたちがよく家に帰ってきてくれる。食料品や日用品を買ってきたり金銭的な援助もあるため、現状に対して満足している。

①家族状況

夫　一九五〇年生まれ　小学校卒　農業に従事
妻　一九四九年生まれ　小学校卒　農業に従事

結婚し独立して生活している子ども

長男　一九七二年生まれ　中卒　自営業
長女　一九七三年生まれ　中卒　農業に従事

自分はこの村の出身で、七人兄弟の末っ子。六人の姉がいる。一九七一年に結婚した。仲人の紹介により知り合った。妻は同じ鎮だが、違う村の出身だ。六人兄弟（男子三人、女子三人）の二番目。

移転前の家屋は平屋で、面積は一一〇～一二〇平方メートルだったが、移転後の家屋は二階建てで、面積は二三〇平方メートルになった。

②仕事の状況

農地は五人分で、一人当たり〇・六ムー、合計三ムーになる。借り入れている農地もなければ、貸し出している農地もない。

夫婦二人で自分の農地でトウモロコシと小麦を栽培しており、年間収穫量はそれぞれ一、五〇〇キログラムになる。その他に栽培しているものなどはない。

穀物の販売量について、トウモロコシの年間販売量は一、四〇〇キログラムで、一キログラム当たり二・四元で販売している。小麦の年間販売量は七五〇キログラムで、一キログラム当たりトウモロコシと同じく二・四元で販売している。両方とも市場で販売している。

穀物栽培による年間純収入は二、四〇〇元だ。また、政府からの補助金が一ムー当たり一二〇元で、三ムーの農地があるため合計で三六〇元の補助金をもらっている。そのほか、子どもたちから年間約一、〇〇〇元の援助があり、養老保険の補助を一人当たり年間八四〇元受け取っている。

農作業と収入の面では、移転前後の変化はない。

③住宅と移転の状況

社区に引っ越したのは二〇〇九年の一二月だった。村ごとに移転した。旧村での家屋があまりにも古くなっていたため、自ら移転を志願した。

移転の費用は一一万元だ。移転に際して、新しい住居への補助が三万元で、古い家屋の価格が二万元だった。それ以外の不足金額は子どもたちからの援助と親戚からの借り入れによって工面した。

移転後の生活は便利になった。道路が整備されていて、水道水が無料で提供されているといった点では、満足している。農地から遠くなったことについては不満がある。

④生活の状況

家庭の中での重要な判断は自分が決める。日常の買い物も自分が担当している。掃除洗濯などは妻が担当しており、これらの点では移転前後の変化はない。

近隣関係については、村ごとに移転したため、元々の近隣との付き合いに変わりはない。近隣とおしゃべりしたり、トランプしたりする。皆同じ村の人であるため、付き合いの範囲は変わらなかった。親戚との付き合いについては、移転前後の変化はない。

病院については、移転前病気になった場合通うのは村の医務室だった。移転後は社区の医務室になった。買い物は、移転前も県城でしていたが、移転後も同じだ。

娯楽については、移転前も後も、テレビを見たり、近隣とおしゃべりしたり、トランプを遊んだりする。これらについて移転による変化はない。

子どもに対しては、暮らしがもっとよくなればいいと考えている。子どもが結婚したら自分たちと一緒に暮らしてほしいとは思わないが、自分が年取った時には一緒に暮らしてほしい。

老人の世話のための炊事洗濯を担当すべき家族成員は、嫁だと考えている。経済面での援助は子どもたちがするべきだ。自分の親が養老院に入ることには賛同できない。移転前後でこれらに関する考え方には変化がない。現在、家族で抱えている問題もなく順調だ。

⑤生活意識

生きがいについては、これまでは平穏であればよいと考えていた。これからは健康であればよいと思っている。理想の生活は、生活に憂えがないことだ。今の生活には満足している。農業の面で何かしようと考えていることはなく、農業以外は何もしたくない。

社区の中では、買い物する施設を増やすべきだ。平陰県の県城については、発展が遅く、遅れている。

《事例3》

対象者である妻は話好きで、にこやかで態度もいい。話がたまにわからない時がある。老夫婦二人で農業に従事している。夫が七二歳、妻が六一歳だが、臨時雇用で働かなければならない状態にあり、農業収入だけでは家計を支えきれない。収入が少ない方に入る。

①家族状況

妻　一九五二年生まれ　小学校中退　農業に従事
夫　一九四一年生まれ　小学校卒　農業に従事

結婚して独立した同居していない家族

長男　一九七四年生まれ　中卒　自営業
嫁　一九七五年生まれ　小卒　自営業
孫　一九九九年生まれ
長女　一九七二年生まれ　中卒　博士村に嫁ぐ
次女　一九七七年生まれ　中卒　山頭村に嫁ぐ

自分の出身村は平陰鎮の李溝村で、三人兄弟の末っ子。一九六九に結婚した。人の紹介によって夫と知り合った。夫は前阮二村の出身で、三人兄弟の長男。

社区に移転する前の家屋は、一〇〇平方メートルぐらいの平屋だった。移転した後は、二階建ての二三二平方メートルになった。

②仕事の状況

農地は五人分で、総面積が二・三ムーになる。賃借している農地もなければ賃貸している農地もない。老夫婦二人でトウモロコシと小麦を輪作している。トウモロコシと小麦の栽培面積はそれぞれ二・三ムー。トウモロコシの年間収穫量は約五〇〇キログラムで、小麦の収穫量は四〇〇キログラムになる。それ以外の畜産、果樹、ハウスなどはない。

穀物の販売量については、トウモロコシの年間販売量が五〇〇キログラムで、一キロあたり二・四元で販売している。村に来る購入業者にトウモロコシを売っている。小麦は自家用であり、販売していない。

昨年の穀物からの収入は二、〇〇〇元で、純収入が一、〇〇〇元だった。政府からの補助金については、小麦に対して一ムー当たり一〇五元の補助金があるため、年間で合計三〇〇元受け取っている。そのほかに財産性収入はなく、子どもたちからの経済的援助もあまりない。夫婦二人で毎月それぞれ七〇元の養老保険補助金を受け取っている。夫婦二人とも臨時雇用で働いており、合わせて年間一万元の収入を得ている。収入の面では、移転前後の変化はなく、前の村にいた時も臨時雇用をしていた。

③住宅と移転の状況

二〇〇九年一二月に社区に引っ越してきた。移転時期はくじ引きで決まった。村ごとに移転してきた。移転について自ら志願してきた。

新居移転に際してかかった費用は、古い家屋が二・五万元の価格となり、村から三万元の補助金が提供された。自分で一〇二、〇〇〇元を出した。内装費が一~二万元かかった。ベランダの内装を入れると四万元になる。黄河の河辺にいることによる補助金が一人当たり一、〇〇〇元で、五人分で五、〇〇〇元となる。

移転については満足している。ソーラーとメタンガスを統一供給してくれている。不満なところはない。

④生活の状況

家での決めごとについては二人とも決められるが、一般的に大きなことについては夫が決める。日常生活の買い物と掃除洗濯は自分が担当しており、子どもが学校に通うまでの育児も自分が担当していた。旧村はこの社区から一キロメートル離れた場所にあった。

近隣関係については、移転前後で変化はなく、移転前の近隣との付き合いを続けている。主にはおしゃべりをしたり、一緒にトランプを遊んだりする。親戚との関係もよく、お互い行き来している。親戚関係に移転による変化はない。

移転前は、病気の時には村の医務室に行っていたが、移転後は大病とかはないし、何かあれば社区の医務室に行く。娯楽について、主にテレビをみたり、トランプを遊んだりする。移転後はダンスを踊っている。

消費の面では、移転後は出費が多くなった。たとえば電気代が移転前より多くなった。電化製品がそろって、生活は前より便利になった。

子どもたちは皆結婚していて、暮らしも自分よりよいので、心配していない。今は子どもと一緒に住みたいと思わないが、年取った時には一緒に暮らしたいと思っている。

炊事洗濯は自分が担当しており、自分で自分たちの世話はできている。子どものお金を使いたいとは思わない。子どもたちが物を買ってくれるし、少しの買い物だけなら子どもの金は使わない。水道水は村から四立方メートルを無料で提供してくれており、それを超えた分は自分で負担することになっている。自分が養老院に入りたいとは思わない。子どもたちが来て一緒に住むことを望んでいる。

移転後の社区の環境では、衛生面がよくなった。現在抱えている生活上の問題はないが、暖房がまだ整備されていないため、暖房を整えてほしい。

村民は自分で食事を自炊する人が多く、外から買って食べるのは好きではない。自分でよく饅頭を作って食べる。

⑤生活意識

子どもが小さかった時生活条件が悪かったから野菜も食べられなかった。困難があっても容易に人に頼らない。子どもにはよく勉強して国のために貢献してほしい。孫には大学に入ってほしい。

県城の発展とかは子どもたちに関係することであり、前よりは発展してきている。今は社区に早く暖房が入ることを解決してほしい。

農作業については、自分で働ける場合は自分で耕す。体が健康のうちは臨時雇用もする。一日六〇元稼げる。

《事例4》

対象者はこの家の妻で、朗らかで、にこやか。話好きで、態度もよい。インタビューの時ミネラルウォーターを持ってきてくれた。この農家は村幹部の家庭であり、内装がよい。前は請負していた土地が多かった（一〇〇ムー）から、湿地を回収したあと三〇～四〇万元の補助金が得られた。現在の収入は中の上である。

①家族状況

妻　一九六六年生まれ　中卒　農業に従事

夫　一九六五年生まれ　高卒　村幹部

長女　一九九〇年生まれ　短大卒　看護師（済南交通病院）

自分は平陰県山頭村出身で、この村に嫁いできた。四人兄弟の長女。人の紹介を通じて夫と知り合い一九九〇年に結婚した。夫はこの村の出身で、四人兄弟の二番目。

移転前の家屋は、七〇平方メートル弱の平屋だった。移転後は建築面積が一三二平方メートルの二階建てになった。

家族構成は移転前後で変化はなく、夫の両親は末子と一緒にこの社区内に住んでいる。

②仕事の状況

三人分の農地が合計で一・四ムーになる。そのほか、三〇ムーの農地を借りてバラを栽培している。栽培しているのは自分だ。夫婦でトウモロコシと小麦も栽培している。穀物の生産量が高い地域で、一・四ムーの農地を輪作して毎年五〇〇キログラムのトウモロコシと五〇〇キログラムの小麦を収穫している。

農業所得については、収穫したトウモロコシと小麦それぞれ五〇〇キログラムを全部販売している。それぞれ一キログラムあたり二・四元になり、トウモロコシは村で加工している村民に売り、小麦は個人営業の業者が村に来た際に売っている。穀物の年間売上げは二、四〇〇元で、純収入が一、二〇〇元になる。そのコストの内容は化学肥料が一袋一六〇元、種子が一〇〇元、収穫の際の雇用賃金一人当たり一六〇元などがかかる。

穀物に対する補助金については、トウモロコシ栽培に対する補助金が三〇元で、直接種子の価格に反映させている。小麦については一ムー当たり一〇五元の補助金があり、一・四ムーの栽培で合計一八〇元を受け取っている。

三〇ムー借りている土地にバラを栽培することによって、年間三万元の収入が得られる。借りている土地は同じ村民の土地であり、バラを栽培して一〇年間になる。一九九六年から借りて、二〇〇六年に契約を更新した。

養老保険については、年間二、〇〇〇元を支払い、六〇歳になったら受給することになっている。

村幹部の給料として、基本給が毎月九〇〇元、出勤する日に一日三〇元の手当があり、年間約二万元の収入が得られる。その賃金は村から支払われている。

③住宅と移転の状況

二〇〇八年に事業が始まり、二〇〇九年一二月に引っ越してきた。村ごとに移転した。旧村は古くて、黄河の河沿いだから雨が降ると豚小屋みたいになってしまう。

移転の費用については、今の家屋の費用が一一万元かかった。元の家屋を解体して一・五万元の補助金があったのを庭の購入に当てた。村から三万元の補助金を受け取った。黄河の河沿い地域に対する補助が一人当たり一、〇〇〇元で、三人分の三、〇〇〇元だった。家屋の内装と家具家電をそろえるのに六万元ぐらいかかった。このようにすべての費用を合わせると一八万元ぐらいになる。

移転後の日常の出費は前より多くなった。あらゆる条件に満足している。家でシャワーを浴びることもできるようになり、太陽光、メタンガスも国の補助によって使えるようになった。それには自分でお金を出していない。

④生活の状況

生活の中の決めごとについては自分が多くを決めている。夫は村の幹部だから出かけると一日中家にいないから自分が決めざるをえない。大きなことは二人で相談して決めている。日常の買い物と掃除洗濯、育児の担当は自分だ。

今の近隣は、前の近隣ではない。新しい近隣と知り合ったが、トランプはやはり前の近隣と遊んでいる。親戚との付き合いについては、移転前後の変化はない。

移転前、病気の場合には村の医務室に行っていた。村にも二つの商店があったので、買い物はそこで済ませていた。今は自転車で一〇分の距離のスーパーで買い物している。

娯楽については、移転前後ともテレビ鑑賞、近隣とのおしゃべり、トランプ遊びをしている。移転後は新しく散歩したり、ダンスを踊るようになった。村が音響設備を買ってくれたのでダンスを踊っている。

生活水準は前よりよくなった。冷蔵庫があるから毎日肉料理ができるようになった。前はお正月とかの時だけだった。今は稼いだお金は、養老保険を支払う以外は、食事に使っている。

子どもに対しては、四年制の大学を卒業できればいいと思っている。そして給料が上がり、さらによい人に嫁げればいい。子どもが結婚しても一緒には住まない。年取った時に、私たちを養老院に入れればよい。その時はその時だ。

老人の世話に対しては、現在日常生活は自立できているため、その必要がない。普段はお金とかあげたりしないが、お正月の時にはあげる。年間合わせて一、〇〇〇元ぐらいあげている。七〇歳になったから、両親の土地を自分が手伝って耕している。移転前後で親の世話に対することに何らの変化はない。

老後については、自分のことを自分でできている時は、自分で何とかするし、娘の負担になりたくない。

現在かかえている問題といえば、実家の方に一〇〇ムーぐらいの土地があって、魚養殖の池、樹、バラ栽培をしていたが、開発に七〇ムー使われた。補助金として三〇～四〇万元受け取った。まだ開発されていない三〇ムーを耕作している。

⑤生活意識

生きがいについては、考え方が前より進んでいて、生活の質を高くしなければいけないと思う。子どもが一人だけなので、継承する財産が多くなる。子どものためにこの社区内に家をもう一つ購入しておいた。これからは、娘がよい家に嫁ぐことを願っている。済南で定住すると負担が大きくなる。今後の一番大きな願いは娘が安定すればよいということだ。

現在の生活に対して不満はなく、この社区に移転してきて願いがかなったと思っている。

社区の設備については、暖房とガスがないため、これを整えてくれることを願っている。冬は農家各自で、石炭で暖をとるしかないのが現状だ。この社区は雰囲気がよくていいのだが、いわゆる「双気」つまりガスと暖房を解決してほしい。

農業については、農民の八割が農作業を続けたくないと考えている。農閑期の暇な時、清掃の臨時雇用をしている。日給六〇元であり、自分の状況をみながら暇な時にしている。

生活の面では、野菜も果物も、肉類もあるから満足している。

村の書記と村長が何度も交代しているが、夫がこの村の幹部を担当して二〇年余になる。着実に百姓のために尽くしてほしい。

県城の変化は少なくない。周りの県よりは貧しいが、新しい建設でかなり奇麗になった。

《事例5》

生活状況は全体的にみて中レベルで、収入の面では向上させたいという願望がある。対象者はこの農家の夫であり、親切な人柄である。

①家族状況

夫　一九五五年生まれ　中卒

妻　一九五六年生まれ　小学校卒

長男　一九七八年生まれ　中卒

嫁　一九八一年生まれ　中卒

孫　二〇〇五年生まれ　小学校在学

自分はこの村の出身で、兄弟五人の四番目。人の紹介を通じて妻と知り合い、一九七八年に結婚した。妻とは同じ鎮だが、出身村が異なる。妻は六人兄弟の四番目。

移転前の村での家屋は、六〇平方メートルの平屋だったが、移転後の社区では二三〇平方メートルの二階建て。

②仕事の状況

農地は三人分で、一人当たり〇・六ムーで合計一・八ムーになる。畑作以外に五ムーの池で魚の養殖をしている。また、三〇〇株のヤナギがある。

魚の養殖による収入が年間一万元あり、純収入は七、〇〇〇元。ヤナギによる収入は三、〇〇〇元で、それがそのまま純収入となる。政府からの補助金は一ムー当たり一一〇元。そのほか農地の賃貸による収入が二、〇〇〇元ある。

息子の嫁が臨時雇用に従事しており、それによる収入が年間四万元になる。二〇一〇年から自分で売店を開いており、その出資金は五万元で、自身でそれを用意した。売店の売り上げは年間八万元で、純収入は四万元だ。

農作業の面では、移転前後の変化はなく、農業以外では移転後に新しく売店を開いた。

収入の面では、移転前かなり低かったが、移転後には二倍ぐらい上昇した。

③住宅と移転の状況

社区に移転したのは二〇〇九年の一一月だった。村ごとに一緒に引っ越したのではなく、時期はバラバラだった。

移転に際して自ら志願して移転を希望した。移転の費用は合計で約一五万元かかり、三万元の補助金があった以外は自分で工面した。引っ越しにあたって受け取った補助金については基本的に満足している。移転後の社区では、環境が改善され、交通が便利になったため満足している。

④生活の状況

家庭内の決めごとに対しては民主的に決めているが、主に自分が知恵をだして決める。日常生活の買い物は妻が担当しており、孫の育児は息子の嫁が担当している。掃除洗濯などは妻が担当している。

近隣関係については、腹を割って話す仲のよい近隣がおり、一緒におしゃべりしたり楽しく過ごしている。社区に移転した後、新しく知り合った近隣もおり、病気の時に家事の手伝いをするほか、冠婚葬祭の手伝いをするなどの付き合いをしている。

親戚関係については、よく付き合いをしている親戚がおり、移転後お互いの行き来がもっと頻繁になったと思っている。

病気の時、買い物などは移転前も後も平陰県城で済ませており、移転による変化はない。

消費については、社区へ移転した後の消費レベルが上昇した。

孫の将来に対しては、よく勉強して高学歴になってほしいと思っている。子どもが結婚した後一緒に暮らしたい。実際長男が結婚した後は長男家族と同居している。自分が年を取った時にも子どもと一緒に暮らしたい。自分の両親あるいは自分自身が養老院に入ることに対しては賛同できない。家族生活において現在特に困っていることはないが、社区へ移転した後、子育て（孫）の費用が高くなっている。

⑤生活意識

生きがいについては、これまではお金を稼ぐことと子どもと孫の教育だったが、これからは自分自身の健康を重視していく。現在の生活に基本的に満足しており心配ごとはないが、もっとお金を稼ぎたい。

県城の発展については、そこで工場を増やすことは望んでいない。環境汚染問題を考えると増やしてほしくない。それより県城で医療機関を増やしてほしい。

これからの農業、農外について新しく実現したいと考えていることはなく、生活が裕福であればそれでよい。社区内の設備について改善してほしいところはなく、村の幹部の何かに期待しているということはない。

平陰県全体については、ここの特産品であるバラはすばらしいが、県城は普通だ。

《事例6》

家庭条件は比較的裕福で、家電、マイカーを揃えており、対象者である夫は活動的で親切である。現在の生活に対してかなり満足しており、これからの生活に対して希望に満ちている様子である。

①家族状況

同居家族

夫　一九二九年生まれ　中卒

妻　一九三三年生まれ　小学校卒

次男　一九六七年生まれ　中卒　都市戸籍　自営業（戸主）

嫁　一九六七年生まれ　小学校卒　自営業

孫　一九八九年生まれ　大卒　都市戸籍　平陰県中学校の教師

別居家族

長男　一九六五年生まれ　中卒　自営業

嫁　一九六六年生まれ　小学校卒　自営業

自分はこの村の出身で、六人兄弟の四番目。人の紹介を通じて妻と知り合い、一九五九年に結婚した。妻は同じ鎮の中の異なる村の出身で、四人兄弟の二番目。

移転前の村での住居は、平屋が二つで約八〇平方メートルだった。移転後は二階建ての家屋が二つ、合計四六四平方メートルになった。移転前から次男と同居しており、長男は独立している。

②仕事の状況

農地は八人分あり、一人当たり〇・六ムーで合わせて四・八ムーになる。現在は耕作しておらず、農地を賃貸している。

収入の面では、農業による収入はなく、農地を賃貸している料金として年間二、〇〇〇元の収入を得ている。政府からの補助金が、農地一ムー当たり一一〇元で合計五二八元になる。財産性収入はなく、子どもからの援助が年間七、〇〇〇元ある。そのほか、老夫婦二人で養老保険による収入があり、一人当たり毎月七〇元で年間合わせて一、六八〇元の収入になる。次男が自営業に従事しており、年間四万元の収入がある。長男も自営業に従事して年間二万元の収入を得ているが、家計は別だ。

次男が二〇〇四年から自営業をはじめ、開始資金が一、〇〇〇元だった。それを自分で集めて用意した。現在八人の社員を雇用しているが、その中に親族関係の者はいない。年間の売り上げは一〇万元だが、純収入が四万元ある。

移転することによる農業経営の変化については、移転前は農地を自分で耕していたが、移転後は他人に賃貸した。

収入の面では、移転前は低かったが、移転後は大幅に増加しおおよそ五倍上昇した。

③住宅と移転の状況

二〇〇九年一一月にこの社区に引っ越してきた。移転時期はバラバラだったが、自ら志願して移転した。

移転の費用は合計一七万元かかったが、五万元の補助金を受け取って満足している。

④生活の状況

移転後の今は、社区に暖房とガスが提供されていないことを除けば、不満なところはない。

家庭内の決めごとについては民主的に決めている。日常の買い物は妻が担当している。移転前は、家事を担当していたのが妻で、煩雑で負担が重かったが、移転後は家族員で分担するようになり、家事負担が軽くなった。

近隣関係については、移転前の仲のよい近隣と今も腹を割ったおしゃべりをしたり、楽しく過ごしている。移転後も新しく近隣ができ、楽しく過ごしている。

親戚関係については、これまでの親戚と移転後も付き合いを継続しており、移転後は移転前よりも頻繁に連絡を取り合うようになった。

通院圏と買い物圏の両方とも移転前も後も平陰県内であり、変化はない。

娯楽については、移転前はトランプを遊ぶ程度だったが、移転後はテレビ鑑賞、近隣とのおしゃべりをしたり、中国将棋を遊んだり、また本や雑誌・新聞を読むようになった。

消費の面では、移転後消費頻度が高くなり、消費額も増加した。

孫の将来については、仕事を安定して続けることができればよい。

子どもとの同居については、子どもが結婚した後、自分が年取った時も子どもと同居する。実際現在も次男と同居している。

自分の親あるいは自分自身が養老院に入ることに対しては否定的だ。

子どもの将来については、移転前は子どもを都市へ送り出し、都会で暮らしてほしいと思っていたが、移転後は子どもがこの社区で暮らしてもよいと思うようになった。
⑤生活意識
現在抱えている大きな困難はなく、これまで健康でいることを生きがいとしてきたが、これからは社会にとって有

意義なことをしたい。

自分にとっての理想の生活とは、自分たちで楽しく暮らし、四世同居の生活を送ることだ。現在の生活に対して不満はなく、県城における施設などについても特に改善してほしいと思うものはない。

この社区内の環境については、衛生的だが、緑化建設がもっと改善されればよい。

平陰県については、全体的に観光とバラ栽培が有名だが、県城は普通だ。

《事例7》

対象者はこの家の夫であり、本人は親切で堅苦しくない。家に子どもがいて、室内は物が少し乱雑で子どもの玩具が散らかっている。

①家族状況

同居家族

夫　一九五七年生まれ　中卒　都市戸籍　会社員

妻　一九五八年生まれ　高卒　農業に従事

長男　一九八八年生まれ　中卒　済南市で臨時雇用

嫁　一九八八年生まれ　中卒　済南市で臨時雇用

父親　一九三〇年生まれ　非識字者

母親　一九二六年生まれ　非識字者

別居家族

長女　　一九八二年生まれ　大卒　都市戸籍　公務員
自分はこの村の出身で、五人兄弟の四番目。人の紹介により妻と知り合い、一九八一年に結婚した。妻は同じ県の異なる鎮の出身で、五人兄弟の二番目。
移転前の村では、九〇平方メートルの平屋で暮らしていたが、移転後の社区では家屋が二セットで合計三五〇平方メートルの二階建てになった。移転前後の家族構造の変化はない。
②仕事の状況
農地は五人分で、一人当たり〇・六ムーの合計三ムーになる。賃借している農地はなく、二・五ムーの農地を賃貸している。残りの農地にトウモロコシと小麦を輪作している。作業者は自分で、年間それぞれ五〇〇キログラムの収穫量がある。

トウモロコシ五〇〇キログラムを販売しており、年間一、〇〇〇元の収入を得ているが、そのうち純収入が六〇〇元になる。

政府からの補助金は八〇元、土地を賃貸した収入は三、〇〇〇元で、その他の財産性収入はない。息子夫婦が済南で臨時雇用で働いており、年間合わせて五・五万元の収入がある。

二〇〇六年から自営業をはじめた。投資資金は一五万元で、ローンを組んで工面した。現在五人の社員を雇用しているが、そのなかに親族関係者はいない。年間の売り上げは二〇万元で、そのうち純収入が五万になる。

農業経営については、移転前より移転後は機械化の水準が高まっている。自営業については、市場環境が変化して自営業を経営することが難しくなっていて、借金する人が多くて掛け売りをせざるをえなく、回収できない売り上げが多い。

収入全体については、移転後に収入が増加した。

③住宅と移転の状況

二〇一〇年一二月に今の社区に引っ越してきた。村ごと移転したが、移転の時期は別々だった。自ら移転を志願した。

移転に際して五万元の補助金を受け取ったが、そのことには満足している。

移転後の生活面では、電気、水道が便利になり、太陽光でシャワーもできるようになった。また街路灯もあり、メタンガスも使えるようになった。だが、いわゆる「双気」である暖房とガスが使えないことに対して不満がある。

④生活の状況

家庭内の決めごとに対しては主に自分が決める。日常の買い物と子育てを担当しているのは妻で、掃除洗濯といった家事分担には移転前後で何の変化もない。

親しい近隣がいて、移転後も相変わらず付き合いをしている。お互い助け合っている。移転後新しく知り合った近隣もいて、お互い家事の手伝いと金銭の貸借をしたりする。

親戚との付き合いについては、移転前後の変化はなく、親戚との間で助け合い、金銭の貸借もする。

通院圏については、移転前は、普段は診療所でみてもらうが大病の場合には県城に行っていた。移転後は、大病の時は前と同じく県城に行くが、普段は社区の医務室でみてもらう。

娯楽については、移転前後で変化がないのが、テレビ鑑賞、近隣とのおしゃべりとトランプ遊びだ。移転後新しく始めたのがラジオを聞くことと健康に気を使い体操をするようになったこと。

子どもの将来については、学歴が高ければ高いほどよいと思っている。

子どもとの同居については、子どもが結婚した後も、自分が年取った後も子どもと同居したい。実際今も長男家族と同居している。

老人の世話については、日常の掃除洗濯の世話は妻がするべきで、経済的な援助は自分がするべきだ。

自分の親、あるいは自分自身が養老院に入ることについては否定的だ。

現在抱えている一番の問題は、掛け売り金を回収できないことで、一番解決してほしいことは、村で企業が多くなり回収できない掛け売り金のことを何とかしてほしいということだ。

⑤生活意識

生きがいについては、誠実で信頼があることで、これからは誠実で、和諧社会になってほしい。

近いうちの願望として、収入が増え、家畜の飼育を始めたい。

県城の発展に対しては、企業が多くなり、税収が増えてほしい。道路が狭いことを解決してほしい。

農業の面では、大規模栽培をやりたいと思っており、耕作以外は家畜の飼育を始めたい。生活の面では暖房とガスを使えるようにしてほしい。

社区の環境については、緑化が不足しており、日陰の涼しい場所がなく、かなり暑いということを改善してほしい。

村の幹部に対しては、有能な人が少ない。プロジェクトを作りあげて村民を率いて裕福な路を進ませることを期待している。

県城の発展については、ビルなどが多くて魅力はあるが、道路建設がよくなく、衛生状況もよくないことを改善してほしい。

《事例8》

対象者はこの家の夫である。親切に歓迎してくれた。室内の衛生条件はそれほどよくなく、室内の物が整理されていない。

①家族状況

同居家族

夫　一九五〇年生まれ　中卒　農業に従事

妻　一九五一年生まれ　非識字者　農業に従事

長男　一九八九年生まれ　専門学校卒　工場勤務

嫁　一九九〇年生まれ　中卒　レストランで臨時雇用

別居家族

長女　一九七六年生まれ　中卒　無職

次女　一九八六年生まれ　短大卒　無職

自分はこの村の出身で、四人兄弟の末っ子。人の紹介により妻と知り合い、一九七一年に結婚した。妻は同じ鎮の違う村の出身で、三人兄弟の長女。

移転前の村では、一五〇平方メートルの平屋で暮らしていたが、移転後は社区の二三二平方メートルの二階建てになった。移転前後において家族構造に変化はないが、移転後は生活水準があがり、ケーブルテレビを見られるようになり、マイカー、パソコンも購入した。

②仕事の状況

一人当たり〇・八ムーの農地で、四人分の合計三・二ムーある。借りている農地が三ムーあるが、それをまた乳牛飼育場に貸している。賃貸している農地は二ムーある。

〇・一ムーの農地を夫婦二人で耕作し、年間五〇キログラムのトウモロコシを収穫している。そのほかヤナギを二ムー植えている。

政府からの補助金はなく、土地の賃貸によって年間三、三〇〇元の収入を得ている。また、養老保険が一人当たり毎月七〇元であるため、年間合わせて一、六八〇元の収入になる。長男夫婦が臨時で工場とレストランで働いており、年間合わせて五万元の収入を得ているが、家計は別だ。

社区に移転した後の変化については、農業経営の面では穀物を干すのが便利になった。また子どもたちの収入が多くなったため、家族の収入水準が上がった。

③住宅と移転の状況

この社区には二〇一〇年の一二月末に引っ越してきた。村民は別々に移転した。自ら志願して移転を希望した。移転の際に三万元の補助金を受け取ったが、そのことについては満足している。

移転後に街路灯を設置してくれて、太陽光でシャワーも浴びられるようになり、メタンガスも使えるようになり、広場を作ってくれた。これらに対して満足している。

④生活の状況

家庭内の決めごとについては夫婦二人で相談しながら決めており、日常の買い物は家族員の誰でも買うが、自分が主に担当している。炊事・掃除洗濯などの家事は皆で分担している。

近隣関係については、旧村での仲良い近隣と移転後も付き合いを継続しており、あるいは互いに手伝ったりする。

移転後に新しい近隣とも知り合い、力仕事を手伝ったりする。

親族との付き合いに移転による変化はなく、お互い金銭の貸借と手伝いをしたりする。

通院圏については、移転前は平陰県病院に行っていたが、移転後は小さな病気だと社区の医務室にみてもらい、大病の場合は県病院に行っている。

娯楽については、テレビ鑑賞、近隣とのおしゃべり、本と雑誌・新聞を購読したりする。これらについて移転前後の変化はない。

消費の面では、移転後に電気代が多くなり、生活の出費が増えた。人との付き合いも多くなり、それによる出費が増えた。

子どもの学歴については、大学に受かって欲しかった。大学の学歴があればいいと思っている。

子どもとの同居については、子どもが結婚後、自分自身が年を取った後も一緒に同居してほしい。実際に現在も長男家族と同居している。

自分の親、あるいは自分自身が養老院に入ることについては否定的で、養老院に入ると支出が多くなる。

現在抱えている一番の問題は、将来の介護問題だ。養老保険金の水準があがり、村に多くの企業ができて兼業に従事できるようになってほしい。そうなれば、子どもも外へ出稼ぎに行かずに済む。社区の位置はよいのだが、裕福になれるプロジェクトがないことを解決してほしい。
⑤生活意識
生きがいについては、移転による変化はなく、これまでもこれからも健康で家族円満であればよい。理想の生活とは、健康で快適な暮らしであり、近いうちの願望としてエアコンを購入したい。

現在の生活に不満はないが、自分自身が年取ったあと、子どもの介護負担が増えることを心配している。

県城の発展については、病院の水準をあげて、企業を増やし、プロジェクトを増やしてほしい。

将来実現したいことについては、農業面での希望はなく、農業以外で村に企業ができて子どもが出稼ぎに行かずに済むようになってほしい。

社区の設備については、運動用の器具を設置してほしい。村の幹部に対して村民をリードして裕福な暮らしを手に入れられるようにしてほしい。

県城については、奇麗で発展が速く、生活が便利だ。

《事例9》

対象者は、この家の妻である。この村の婦人連盟主任でもある。舅が教育関係に従事していたが定年退職した。教育関係者であるため、家族への影響が大きく、村の中でも家庭環境が豊かな方である。

①家族状況

同居家族

夫	一九七〇年生まれ	中卒	都市戸籍　製薬会社勤務
妻	一九七一年生まれ	専門学校卒	村の婦人連盟主任
長男	一九九五年生まれ	専門学校	学生
父親	一九四七年生まれ	師範学校	都市戸籍　鎮教育委員会に勤務していた
母親	一九四七年生まれ	小学校卒	農業に従事

自分は三人兄弟の長女で、この村の出身ではない。親戚の紹介によって夫と知り合い一九九四年に結婚した。夫は出身村が異なり、三人兄弟の二番目。

移転前の村では、九〇平方メートルの平屋だったが、移転後二四〇平方メートルの二階建てと、高層ビルの四階に一〇六平方メートルの住居を購入した。

②仕事の状況

農地は、一人当たり〇・一五ムーであり、三人分で合計〇・四五ムーになる。他から六ムーの農地を借りており、四ムーの農地に小麦を栽培し、それと輪作で二ムーのトウモロコシと二ムーの大豆を栽培している。〇・二ムーに野菜を栽培している。これらの作業に従事しているのは父と母だ。そのほか、二ムーの養殖池があり、そこで夫が淡水魚を養殖している。借り入れて一〇年以上になる、池の場所は東阮二村にあって自分の村ではない。

農業収入は、穀物栽培では小麦を年間一、〇〇〇キロ収穫し、販売額が二、四〇〇元で、トウモロコシを年間一、〇〇〇キロ収穫し、販売額が一、二〇〇元になる。販売額の合計が三、六〇〇元になり、その中から二、〇〇〇元の純利益が得られる。淡水魚の養殖による売上額が約四、五〇〇元で、そのうちの純収入が三、〇〇〇元になる。大豆栽培による収入が一、〇〇〇元になる。

政府から五〇元の補助金を得ており、姑が毎月七〇元の養老保険を得ている。また舅の退職後の年金が毎月四、九〇〇元になる。

農外収入の面では、夫が製薬会社の契約社員で、年収は二三、〇〇〇元になる。自分が村の婦人連盟主任の仕事を担当することによる収入が一八、〇〇〇元になる。

農業経営と農外就労の面で、移転前後の変化はないが、移転後に給料が上がった。

③住宅と移転の状況

この社区に引っ越してきたのは二〇〇九年の一〇月だった。村の農家の移転は時期を分けて行われた。自ら志願して移転を希望した。

移転に際して、家屋の購入費が一〇・二万元かかり、内装と家電家具代が六万元かかり、これらを自分の資金でまかなった。

移転の時、村から二・六万元の補助金を受け取ったが、その補助金は公共施設に使われ個人の手元には届いていない。補助金があったことには満足している。

移転後の住居に満足しているが、村の中の排水には不満がある。

④生活の状況

家庭内の決めごとについて決めるのは舅。日常の買い物は姑が担当しており、毎月得ている年金で主に生活費を負担してくれている。

近隣関係については、移転前の村で仲の良い近隣はいたが、移転後は距離が遠くなり前ほど親しくなくなった。近隣とおしゃべりしたり、遊んだりしていた。移転後は新しい近隣ができ、日常のおしゃべりをしたりする。

親族関係については、移転前と同じ付き合いをしており、移転による変化はない。

通院圏は移転前も後も県病院で、買い物も県城のスーパーだ。そこなら品質の保証があり、価格も他と大差ないから。

娯楽については、テレビ鑑賞、近隣とのおしゃべり、トランプ遊び、本と雑誌・新聞の購読、散歩をしている。

日常の消費については、移転後は消費水準が高くなった。

子どもの将来については、いい仕事に就けたらいいと思っている。学歴について特別な要求はない。子どもの結婚後に同居したいとは思っていないが、自分自身が年取った後は同居したい。子どもが介護してくれるからだ。

現在は日々の家事、掃除洗濯は自分でできるが、将来は子どもに負担してほしいと思っている。経済面では、今は経済的基盤があり援助を必要としていない。

自分の親、あるいは自分自身が養老院に入居することについては否定的で、条件さえあれば自分で老後の面倒をみたい。

子どもと老人の養老については、移転による変化はない。

現在抱えている一番の問題、そして一番解決を望んでいる問題は、子どもの就職だ。子どもがちょうど就職する時期になり仕事を探している状況だ。

これまでは健康のこと、家族全員の健康を重視してきたが、これからは子どもの就職のことが一番の問題となっている。

⑤生活意識

現在の生活には満足しており、県城での施設あるいはサービスについては、村人の需要に合わせた経済的情報、就職情報を提供してほしい。

政府から家族経営の加工関係の仕事を提供して、収入の増加につなげ、家庭にいる女性の仕事の問題を解決してほしい。社区の中で今のより大きなスーパーがあればいい。また、社区の中でいまバスケットボールと卓球台はあるものの、そのほかの運動器具を増やしてほしい。

村の幹部に対しては、村集団の収入を増やし、商業と投資の誘致をし、村の前に商店街を作ってほしい。平陰県の県城については、高級で奇麗な住宅団地はあるが、県城全体は道路が狭くて環境がそれほどよくない、小さいと考えている。

《事例10》

対象者は夫であり、村の治安主任でもある。若い時兵隊にいた経験があり、考えが伝統的である。家屋の内装は普通であり、妻が比較的話好きで、主に子どもの世話をしている。

①家族状況

夫　一九六二年生まれ　高卒　専業主婦
妻　一九六二年生まれ　高卒　専業主婦

長男　一九八六年生まれ　中卒　自営業（運送業）

嫁　一九八五年生まれ　中卒　県城のスーパー

孫　二〇一一年生まれ

母親　男の兄弟四人の家に、季節ごとに輪番で各戸を回って暮らしている。

自分はこの村の出身で、五人兄弟の四番目。姉が一人いる。仲人の紹介により妻と知り合い一九八六年に結婚した。妻は同じ鎮の違う村の出身で、五人兄弟の末子。

移転前の村では一九九〇年に独立して五〇平方メートルの平屋に暮らしていたが、移転後は二三二平方メートルの二階建てになった。

②仕事の状況

農地は一人当たり〇・五ムーで、三人分で合計一・七ムーになる。母親一人分の農地を兄弟四人で分けて耕している。農地の貸借はない。

夫婦二人で一・七ムーの農地にトウモロコシと小麦を輪作している。年間収穫量はそれぞれ小麦一、〇〇〇キログラム、トウモロコシ一、一〇〇キログラムになる。そのほかに栽培している作物、果樹、家畜などはない。

穀物の栽培による年間販売額は二、〇〇〇元で、純収入がその半分の一、〇〇〇元になる。

政府からの食料生産に対する補助金は年間一二〇元。また、一人っ子が一八歳になるまで年間一二〇元の補助がある。六〇歳以上になると一人っ子の家族は一家族で年間七〇元の補助金を受け取る。

自分は村の治安主任を務めており、それによる年収が一五、〇〇〇元になる。長男の自営業の年収は五・六万元で、長男の嫁はスーパーで契約社員として働き、その年収が一万元になる。

長男は二〇一二年から個人運送業を始めた。資金は一〇万元で、その一部は自己資金で、一部を親戚と知り合いから借りて工面した。

移転後、全体の発展にともない収入は増えたものの、物価も上がっているため金の価値が下がり、農民の収入はやはり問題だと考えている。

③住宅と移転の状況

自分は二〇〇九年の一一月にこの社区に引っ越してきた。村ごと移転してきたが、四期に分けて移転した。自ら志願して移転を希望した。

移転に際して一〇万元の費用がかかり、その内訳は家屋自体が九・三万元で、庭の玄関門と壁に約一万元かかった。

黄河の河沿い地域への補助として一人当たり一、〇〇〇元の補助金を受け取り、村から「土地の増減を関連づける」政策によって二・七万元の補助を受け取った。

移転した新しい社区では、住居環境がよく風貌が奇麗で満足しているが、投資資金の圧力が大きいという点では不満だ。

④生活の状況

家庭内の決めごとについては家族員が皆で相談しながら決める。日常の買い物は妻が担当しており、孫の世話は妻と長男の嫁（仕事が休みの時）が担当している。掃除洗濯などの家事の担当者について大きな変化はないが、今は自分も少し家事を手伝うようになっている。

近隣関係については、移転による変化はなく、前も今も行き来しておしゃべりしたりしている。移転後に新しい近隣とも知り合い、おしゃべりをしている。

親族関係については、移転による変化はない。

通院圏については、移転前の村にいる時、小さな病気は村の医務室にみてもらい、大病の場合は県病院にみてもらっていた。買い物は、県城の定期市で買っていた。移転後は小さな病気の時に社区の医務室にみてもらい、大病の場合は移転前と同じく県病院にみてもらっている。買い物圏は、移転後は県の定期市以外に新しく県のスーパーに行ったり、社区内の店で買ったりしている。

娯楽については、テレビ鑑賞、近隣とのおしゃべり、トランプ遊びと本・雑誌新聞の購読は同じだが、移転後には中国将棋をしたり、本・雑誌新聞を読む時間が多くなった。

日常の消費の面では、炊事に電気を使うようになったので電気代が増えた。水道代は村が負担している。

孫の将来に対しては、大学に行っていい職業に就けばよい。学歴が高ければ高いほどよい。

子どもが結婚後、自分が年取った後は子どもと同居したい。実際現在も同居生活を送っている。しかし、子どもの意向による。

老人の世話については、家事は女性が担当すべきだ。経済面では兄弟皆で分担すべきだ。親あるいは自分自身が養老院に入居することに対して賛同できない。子どもがいるので、養老院に住みたくない。この点について、移転前後で変化はない。

現在一番困っていることは、収入が少ないということだ。

⑤生活意識

これまでは、生活がよりよくなり衣食住に困らないことを重視してきた。今は社会がよりよくなることを重視している。

理想の生活といえば、都会人の生活を送ることであり、将来子どもが親孝行であればいいと思っている。

現在の悩みは収入が少ないことであり、移転前は野菜を植える土地があったが、現在それがなくなり生活費が高くなっている。

県城の施設については、医療機械がもっと先進的なものになることを期待している。現在は一部の病気を見つけられない場合があるからだ。

農業面では農作物の価格が上がることを期待していて、生活の面では国が農村への支援にもっと力を入れることを期待している。

社区内の設備に対しては、緑化に力を入れるべきだ。物業会社を作り、社区内の村民にサービスするように希望している。都会の社区管理方式を望んでいる。

村の幹部については、村民の福利厚生をよりよくするよう期待している。

県城は他の地域に比べると前よりよくなったものの、かなり差がある。緑化、衛生、交通などがよくなったが、発展が遅いと思っている。

第二節　面接調査結果から

錦水街道の前阮二社区における対象農家一〇戸に対して行った面接調査の結果から、次のように分析することができるだろう。

家族構成と学歴

対象農家一〇戸のうち、九戸の農家は元の前阮二村から移転してきた農家であり、〈事例9〉の農家が唯一別の村から移転してきた農家である。

対象農家一〇戸の家族員をみると、現在この社区に居住している人数は合わせて三九人である。そのうち、〈事例2、3、4〉は子どもと別居して夫婦二人だけで暮らしている。〈事例1、5、6、7、8、9、10〉の七戸の農家は子どもと同居している。子どもがまだ小さいという〈事例1〉以外の農家は、結婚した子どもと同居している。

一〇戸の農家の三九人のうち、非識字者が三人、小学校卒業者が八人、中学校卒業者が一六人、高卒が三人、専門学校卒業者が三人、短大卒業者が一人である。ここからわかるように全体的に学歴が低く、小学校卒業者と中卒が多くを占めている。職業をみてみると、一人である短大卒業者は県で教師として勤めており、社区の実家から通っている。専門学校を卒業した三名のうち、一人は公務員だったため実際は農村戸籍ではない。もう一人の専門学校を卒業した女性は村の婦人連盟主任を務めている。高卒の三名のうち、一人が村の幹部を長年務めている。他は、農業あるいは自営業と農外の臨時雇用で働いている。

土地と農業収入

農地面積については、一人当たりの農地面積が少ないことが見て取れる。一人当たり〇・一五ムーから〇・八ムーの間であり、一戸当たりの農地総面積は〇・四五ムーから四・八ムーである。耕種農業すなわち穀物栽培ではトウモロコシと小麦を輪作している。前阮二村は黄河の河沿いに位置しており、農産物の生産量が高いとされている。しかし、高生産量を誇る地域であっても、穀物栽培から得られる収入は低い。一〇戸の農家のうち、〈事例2、3、4、7、9、10〉の六戸の農家がトウモロコシと小麦を栽培しているけれども、年間収穫量から得られる純収入はわずか六〇〇元から二、四〇〇元の間である。

経済的作物すなわち高収入が得られる作物を栽培しているのは、〈事例4、5、8、9〉の四戸である。それらの作物はバラやヤナギと淡水魚の養殖である。それらによる収入は四千元から三万元の間であり、比較的高い。このことからわかるように、トウモロコシと小麦などの穀物栽培から得られる農業収入はわずかであり、このことが穀物栽培への農家の意欲を損なうことにつながると考えられる。あるいは、穀物栽培だけでは農家の収入がなかなか上昇できない現状にいるといえる。

農地の賃貸借

農地を賃貸しているのは〈事例1、5、6、7、8〉の五戸の農家である。賃貸している農地面積は一・八ムーから四・八ムーになるが、その賃貸による収入は二、〇〇〇元から四、〇〇〇元である。この収入水準を、自分で農地を耕作している農家と比べてみると一つのことが明らかになる。たとえば、〈事例2〉の農家が三ムーの土地にトウモロコシと小麦を栽培した年間純収入は二、四〇〇元であるのに対して、二・五ムーの農地を賃貸した〈事例7〉の農家が得る賃貸収入は三、〇〇〇元である。このことからわかるように、自分で穀物栽培に年間携わって得られる収入は賃貸して得る収入よりも低いということである。また、〈事例4〉の農家は穀物の収入が低くても栽培しているが、このことには二つの理由がある。それは農作業に従事しているのが高齢者であり、安定した臨時雇用に従事することができないということと、小麦を自家用に栽培しているということである。つまり、自分で穀物を栽培するのは、高収入を得られるからではない。そうだとすれば、農地を賃貸することで自分が穀物を栽培するよりも高い収入が得られる場合、農家の農作業に従事する意欲が減退することにつながるだろう。

農地を賃借しているのは、〈事例4、5、8、9〉の四戸の農家である。借りた農地で何を耕作しているのかを農家ごとにみてみよう。〈事例4〉の農家は、借りた土地でバラを栽培し、年間三万元の純収入を得ている。〈事例5〉の農家は借りた土地で淡水魚の養殖とヤナギを植えている。それによる年間純収入が合わせて一万元を数えている。注目すべき点は、〈事例5〉の農家は他から土地を賃借しているけれども、それは淡水魚の養殖とヤナギの植樹という高収入のものの栽培に用いており、自分の農地は穀物を栽培せず逆に賃貸しているということである。このやり取りにより農業収入を上げている。〈事例8〉の農家は農地を賃借しているが、それをさらに農地の近くにできた乳牛飼育場に転貸している。〈事例9〉の農家は、わずかな農地しかなく、他から六ムーの農地を賃借していて、そこでトウモロコシと小麦の輪作と、魚の養殖および大豆栽培をしている。以上の四戸の農家の農地賃借の状況からみると、〈事例8〉の農家が借りた農地を転貸している以外、他の三戸の農家は借りた農地で主に経済的作物あるいは収入の高い淡水魚の養殖を展開していることがわかる。

また、〈事例1〉の農家は、移転前は自分で耕作していたが、移転後はすべての農地を賃貸して、自ら農外の臨時雇用に従事するようになった。これには、農地が現在の社区から離れているということも影響している。〈事例5〉の農家は、上述したように、自らの農地を賃貸し、他から賃借した農地で魚の養殖とヤナギの植樹をしているだけではなく、移転後の二〇一〇年に自営業を始めている。すなわち、農業に従事するとともに自営業を展開しているが、穀物栽培はすでにやめている。〈事例6〉の農家は、移転後に農地を全部賃貸して自ら耕作しなくなった。

以上の賃貸借の状況をまとめてみれば、穀物栽培から得られる収入が賃貸するよりも低い状況にある現実が浮き彫りになった。また農地を賃借する場合は、穀物の栽培よりバラ、大豆などの経済的作物と淡水魚の養殖を展開している。このことが、社区への移転によってさらに加速する傾向がみられる。というのは、社区移転によって、耕地への距離が遠くなったのと農外就労の機会が増えたからである。こうして、収入の低い穀物栽培が避けられる状況は今後も続くと思われる。

補助金と養老金

前阮二社区の農家が受けている補助金は三種類から構成されている。一つ目は、政府からの穀物栽培への補助金である。穀物を栽培している場合、政府から年間一ムーあたり五〇元から一二〇元の補助金を得ている。ただし、補助金はあるものの穀物栽培の低い収入を補うほどではない。

二つ目は、一人っ子に対する補助金である。〈事例10〉の農家は一人っ子のため、子どもが一八歳になるまで年間一二〇元の補助金があり、両親が六〇歳以上になった場合には一家族で年間七〇元の補助金を受け取ることになっている。

三番目は、移転に際しての補助金である。そのうちの一つが、黄河の河沿いということで一人当たり一、〇〇〇元の補助金がある。前阮二村は黄河の河沿いに位置していて、高い生産量を誇っていた地域なので、補助金も高額になっている。農地を配分する際の人数をもって人数分の補助金を受け取っている。もう一つが「城鎮建設用地の増加と農村建設用地の減少を関連づける」政策による補助金である。旧村の家屋を解体して庭とともに耕地として復元したものに対して、一ムー当たり八万元の補助金を支払うという制度である。それにより、各戸は二・六万から三万元の補助金を受け取って、社区での新しい家屋の購入に当てている。

子どもから親への経済的援助

親と子どもとの間の経済的援助について、一〇戸の農家の状況からみると、親が高齢になり子どもからの経済的援助を必要とするのは、親が農業収入と養老保険を合わせている場合と、農作業に従事できなくなり収入が養老保険のみとなった場合である。〈事例2〉の農家は六五歳で農業に従事し、また養老保険を受け取っているが、両方の収入を合わせてもかなり低い。そのため、子どもから一、〇〇〇元の援助を受けて生計をたてている。つまり農外収入がなくて農業収入のみの場合には、養老保険金を合わせたとしても家計が自立できるものにはならない。〈事例6〉の農家は、高齢のため養老保険のみの収入を得ている。子どもたちが農外就労をしているので、年間合わせて七、〇〇〇元を親に援助している。しかし、同じように高齢でも、〈事例9〉の農家の場合は状況が異なる。退職前は公務員だったため、退職後には毎月四、九〇〇元の年金があって、子どもからの援助を必要としていない。このように、公務員が受け取る年金と農業従事者が受け取る養老保険との間にかなりの開きがあるので、農外就労をしていたかどうかで生活に差が出るのである。

また、〈事例1〉の農家は、子どもが一人っ子であり、親はまだ若くて生活に負担がないため、子どもから親に援助する必要がないという。一九八〇年代後半生まれの世代には、親への経済的援助の必要がないケースが現れている。中国全体の経済成長と、まだ親が若く、さらに一人っ子のためそもそも経済的負担が少なかったということが考えられる。ただし、親が高齢になった場合にどのような状況になるか、という見通しについては、さらなる調査が必要だろう。

自分の親あるいは自分自身が年を取った時に養老院に入るかどうかについては、ほぼ全員が否定的である。自分の親の場合、できれば自分の家族で面倒をみたいと考えており、自分自身の場合、自分で身の回りの自立ができるうちは自分で暮らし、年取った時には子どもと同居したいと思っている。

社区と県城の施設・サービスに関する要望

対象者全員が、県城全体について他の県に比べると遅れているという。年上の世代は社区での生活条件に満足しており、自分の子どもたちがよい生活をすればそれでよいと全体的に満足している状況である。その他に、県病院の設備を改善して、検査体制を整備するようにしてほしいという要望があった。若い世代になると、県に病院と娯楽施設を増やしてほしいという要望が出ている。

多くの農家は、社区に移転してから生活が便利になったことに満足している。主に、道路が改善されたことと電化製品が使用できるようになったことである。たとえば、冷蔵庫を使えるようになったので毎日肉料理を食べられるようになったと喜んでいる。不満な点は、ガスと暖房がないということである。この点だけははやく改善してほしいと全員が期待を膨らませている。

生活の収入と支出については、自営業などの農外就労を始めた農家は収入が増えたと答えている。ただ、すべての農家の支出が増えたと答えている。電気代などが高くなったことと生活水準の向上にともなう支出の増加がみられる。また、若い世代は携帯電話のパケット料金が高いなどと、高齢者世代と異なる支出の項目があり、ここにも世代差が現れている。すなわち、移転後の社区での生活は交通が便利になり、電気、水道といったインフラ整備が整い、住居環境が著しく改善された。社区での生活が都会的な便利をもたらしたと同時に出費も増加した。しかし、これまで見てきたように、農業収入が低いため、農外就労によってその支出をまかなわなければならない現状が現れた。そこで、収入の増加を得るために以下のことに期待している。一つは、穀物価格が高くなることに期待し、もう一つは国から農村への支援に期待している。さらに、村幹部が村人をリードして収入の増加に導く方法を探るよう要望している。

農地を継続して耕作している対象者は農地が遠くなったという不満があるが、耕作しない対象者にはそのような不満はみられない。

通婚圏と購買圏

一〇戸の農家のうち、もっとも早い結婚は一九五九年であり、もっとも新しい結婚が二〇一〇年である。一〇戸の農家の通婚圏は狭い。結婚相手の出身については、同じ村の出身が一戸であり、同じ鎮の異なる村の出身が八戸である。もっとも遠い距離になると異なる鎮の出身だが、それでも同じ県内である。知り合う契機として、仲人を介したのが二戸であり、他の八戸は親戚と知人の紹介によるものである。ここからも通婚圏が狭いということがわかる。購買圏もまた、ほとんどの農家が県城の商店や社区内のスーパーで買物をしており、かなり狭いものになっている。省都の済南まで出かける例はほとんど見られない。

収入層と年齢層

収入の面では、農業収入だけに頼っている場合には生活水準がかなり低くなる。農外就労をしていないのは〈事例2〉と〈事例6〉の農家である。〈事例2〉の場合は収入が低く、年齢が高齢である。〈事例6〉も収入が低く、主に子どもからの援助に頼っている。ただ、子どもと同居している点では〈事例2〉と異なる。〈事例3〉の農家は、農外就労しているものの、高齢のため安定した仕事がなく収入が低い。すなわち、農業従事者が高齢の場合に貧困に陥るケースが多いということである。高齢になって農作業に従事できなくなれば、養老保険だけを頼って生きることになる。その金額はわずかであるため、それだけでは生活していけなくなる。そこで〈事例2〉と〈事例6〉の農家のように子どもからの援助に頼るしかなくなる。農業に従事できても、高齢のために農外収入を得にくいから、全体的に収入が低い。すなわち、農業収入だけでは生活水準が低いという状況であり、高齢者の場合は農外就労が難しいので、その状況から脱皮できないのである。つまり、農業に従事してきた高齢者は貧困に陥りやすい。そこでは、農業従事者の養老保険の金額の低さと、穀物栽培による農業収入の低さが問題として浮き彫りになってくる。

年齢層が若くなれば、農外就労に就きやすいし、あるいは自営業に従事できるため、収入も比較的高くなってきている。ただし、上記のような高齢の親を抱えている場合は親への仕送りをする負担もある。それが、一九八〇年代後半生まれの世代になってくると〈事例1〉の農家のように生活の負担も減ってきている。農外就労への就業形態が、現状では臨時雇用で働いているケースがほとんどであり、農業収入よりは高いものの、安定しているわけではないということがいえる。

以上からいえることは、農家が均質的な性格ではなくなって、年齢や就業状況、親への援助などから、多様な生活に分化してきているということである。このことが農家の間での格差を生み出すことになりかねないのである。そして、社区への移転によって農外就労の機会が増えたことで、この格差がさらに拡大する恐れがある。社区への移転は、いわば高位平準化した生活をもたらしたかのようにみえるが、その内実においては、農家の間での格差拡大という問題をはらんでいるように思われる。

第七章

中国農村社会の到達点と展望

小林 一穂

新型農村社区の棟入口のドア。

「社区は我が家だ。」

(2011年９月10日撮影)

第一節　中国農村社会をとりまく諸問題

問題の根源

現代の中国農村社会は、さまざまな困難を抱えている。それは、農村社会特有の諸問題ではあるけれども、農村社会の内側から生じて深刻化したものではないし、また農村社会の中だけで解決できる問題でもない。農村社会の諸問題は中国社会の全体構造のあり方に根源をもっている。

そうした諸問題のなかでも根本的なものの一つは、二元的な戸籍制度である。これは国民を都市戸籍と農村戸籍とに峻別するものだが、それによって農民が都市へ無規律的に流入するのを防止する機能をはたしている。しかし、農民が農村に閉じ込められてしまい、農村住民の生活環境が都市住民に比べて劣悪な状態になってしまうことになった。また、都市の発展を優先させ、農村は都市によって牽引されることで発展の恩恵を受けるという政策がとられ、そもそも都市に比べて発展が遅れていた農村は、都市との格差が広がることになった。その内実は、経済的な格差にとどまらず、生活の基盤となる設備や制度の遅れが農村社会の生活水準を低迷させてきている。

このように中国農村社会の困難は、中国社会全体の構造的な問題にその根源があるといわざるをえない。したがって、農村問題をたんに農村社会だけの枠内で解決しようとしても簡単に済むことではない。

問題の展開

改革開放以来の経済成長のなかで、中国全体が発展しているにもかかわらず、都市と農村との格差はかえって拡大した。経済発展によって市場経済は農村にも浸透し、とくに若年層や中堅層は都市へと流出した。都市地域としても、経済発展を支える労働力を確保するために農村からの出稼ぎを必要とした。こうして大量の農民が農村から都市へと流入していて、二元的な戸籍制度のために農民が都市へ移住することは大きな不利となるにもかかわらず、人口の流入は止まらない。都市戸籍をもっていないので低い賃金のもとで不安定な臨時雇用に就業し社会保障も十分に受けられない、という都市社会の下層民とならざるをえない。都市としては、低賃金労働力を獲得することと、その労働力の担い手の社会的不安定ということとのジレンマに悩まされることになる。

農村社会にとっては、若年層と中堅層が流出して、高年齢者と子供だけが農村に残されることになる。あるいは老親を残して子供世代家族が出ていく。すでに「計画生育」政策いわゆる一人っ子政策が少子化とそれによる急速な高齢化をもたらしたということで政策の転換を迫られているが、農村社会にとってみれば、都市に人口が吸引されることによっても高齢化が進行していくということである。経済発展によって消費生活が変化したものの、農村では収入を得る機会が少ないので、都市で現金収入を求めざるをえないからである。またそれだけではなく、農村の生活基盤の整備の立ち遅れも都市へと人口が流出する原因になっている。電気、電話、水道、ガス、地域暖房などの生活基礎施設だけではなく、道路やごみ処理なども整備が遅れており、それに比べて出稼ぎ経験やメディアで知る都市社会での快適な生活条件は、農民にとって魅力的なものにみえる。われわれ共同研究グループによる山東省鄒平県での以前の調査（小林、二〇〇八）でも、都市に対する高い評価は、就業機会の多さはもちろんだが、それだけではなく、生活条件や教育機会、社会保障などへも向けられていた。

問題の新局面

今回の平陰県調査から明らかになったのは、とくに生活水準の向上ということが当面の課題となっていて、それへの対応として新農村建設政策が新たな局面をみせているということである。新中国が発足して以来、「温飽問題（＝衣食の充足という問題）」の解決がめざされてきたが、遅れている農村においても、改革開放政策のなかで衣食の充足はある程度まで人々の要求を満たすようになった。そこで現在では、その次の段階として「小康社会（＝ややゆとりのある社会）」という水準が達成されようとしている。大都市や沿海部では巨大な資産を保有し高級な消費生活を送る富裕層も形成されているが、中国社会の全体とくに農村では、一部に富裕層はいるものの、やはり生活水準が低い困難な状況に置かれた農民が多数である。そうした生活状況にとって小康水準の達成は、現実味を帯びた当面の大きな課題であり目標である。

平陰県調査では、すでに新型農村社区へ転入した農民を調査対象としたため、生活基礎施設についてはかなりの満足感が示された。しかし、それでもガスの供給や公共トイレの設置に対する不満が出されている。農民の要求水準は、すでに都市並みの生活を送りたいというところにまで上昇しているといえるだろう。また、買物の不便を訴える声も多かった。もともとの転居前の旧村でも買物をする条件は悪かったはずで、新しい農村社区へ入居した後でもそうした不満が出てくるということは、都市社会での販売店数の多さや多様さ、規模の大きさなどと比較して、農村社区ではごく身近にそのような商店がないことへの不満が表面化しているものと思われる。鎮の中心街へ行くにも交通手段が十分ではないので、それへの不満もみられた。以前は「お金があっても買いに行けない」だったが、今は「お金がなくても買いたい」だ、という農民の言葉にあるように、日常をより便利で快適にすごすという消費生活が求められている。

第二節　新型農村社区がもたらすもの

新農村建設の目的

改革開放政策以来の経済成長は、中国社会の飛躍的な発展をもたらしたものの、都市と農村との格差はむしろ広がった。しかもそれは農業生産という経済的な側面に限らない。農村社会のさまざまな側面で、都市に比べての水準の低さ、発展の立ち遅れ、施設などの未整備という問題が大きくなってきている。さらに、都市への農村人口の流出という難問は、都市での就業機会をめざして出稼ぎに行くということだけではなく、農民が都市生活の水準の高さに惹きつけられることによって都市への志向が強まっていることからも生じている。とくに教育もそうだが買物や娯楽といった消費行動の拡がりは、若年層にとって都市へ傾斜する要因となっている。新農村建設政策が取り組んだのは、こうした状況のなかで、農村社会に居住している人々の生活諸条件の全般を改善し、農村生活を安定化することで居住を持続させるという課題である。したがってそこでは、農村の現場において、道路の改修、電気、ガス、水道、電話、スチーム暖房などの整備、幼稚園や小学校、老人ホーム、小規模な医療施設などの設置、医療保険制度や年金制度などの確立、といった多様な生活諸条件を改善し生活水準を向上させるという事業が進められている。

けれども、今日までの新農村建設政策がその目的を十全に達成したとは必ずしもいえない(1)。というのは、村内に施設や設備をつくり上げるには財政的な裏付けが必要だが、農村では地方政府の財政基盤が弱く、さまざまな事業へ投資する財源を確保するのがむずかしい。財政確保には、農村に企業を誘致するとか地元の郷鎮企業を育てるとかによって、県政府や郷鎮政府の収入を増やす方法が考えられる。農民にとっても、地元に就業機会が増えれば他へ転出せずにすむわけで、郷鎮企業や小城鎮建設がそうした機能をはたすように期待された。だが、企業誘致にしても地元企業の育成にしても、そう簡単に進むものではない。山東省鄒平県の調査（小林・劉、二〇一一）では、その成功例となっている村をとりあげたが、そこでは村営企業の経営責任者が同時に村の共産党支部書記を務めていて、かれの強力なリーダーシップが企業発展と生活基盤の充実とを結びつけて、相乗的な効果を生み出していた。しかしこれにしても、その村の歴史的な経過や周辺地域とのかかわりなどの特殊な条件が前提となっている。大部分の農村ではなかなかそうしたチャンスに恵まれず、工業団地の造成などに巨額の投資が必要なので、新農村建設の掛け声はかかっても実際の動きは鈍い状況だった。また、農民にとっては、もはや小城鎮は都会というイメージではなく、小城鎮を超えて県城や大都市へと転出してしまう。そうなると小城鎮建設の成果が上がらないことになってしまう。

新型農村社区の建設

そこで新たに展開されているのが新型農村社区の建設である。この農村社区化の目的をまとめると、一つは、農村で都市化を進めるということである。城鎮化といっても、農民が都市へ行くというのではなく、もともとの居住地で都市並みの生活を送れるようにする。二つは、農民の生活条件を改善するということである。都市並みの公共サービスを農村にまで延伸する。それを農村社区でならば集中的に効率よく提供できる。つまりは、新型農村社区建設が新農村建設の一部になっている。三つには、宅地の集中と「土地の増減の関連づけ」によって土地を確保できる。工業化や都市化を進めることで農地の確保とのあいだに矛盾が生じたが、この政策で耕地を減少させることなく工業団地の供給を確保できる。以上のような目的を達成しようと、農村社区化が推進されている。つまり、これまで追求されてきた城鎮化と新農村建設とをいわば結合させて、新型城鎮化として新型農村社区の建設をめざしている、と大筋ではいうことができるだろう。本書では、一村のなかで、あるいは数ヵ村がまとまって新型農村社区へ移転するというこの動きを集住化と名づけて、その実際を山東省平陰県でのインフォーマント・インタビューと面接調査から明らかにしてきた。

二〇一〇年代になると、農村における公共サービス体系の充実が政策として掲げられているが(2)、新型農村社区への集住化は、それによってさまざまな公共サービスが効率的に整備できるというメリットがあるので、集住化はこうした政策にも対応しているといえるだろう。一村のなかでの集住化でも、中心部へ居住地を集中すれば効率化が期待できるが、とくに数ヵ所の村が合併する場合はその効果が大きいので、旧村の合併は近年増えている。これはいわば過疎化対策として人口減少の著しい村を合併することで行政の効率をあげようとするものだが、このような効率化という利点は高層住宅の建設でもいえることである。

そこで最近の山東省では、五階建てやそれ以上の高層の集合住宅を建設し、農民が旧村から農村社区の高層住宅へ転居するという農村社区化が推進されている。これまでは平屋建てで、ごくわずかな面積ながら内庭があったりした旧宅地が廃却されて、高層住宅になるのだから、当然ながら住居用の敷地面積はかなり小さくなる。新たな宅地のために転用された農地面積を補填しても、差し引きされる余剰分が相当に出る。この新たな余剰地が工業団地へと転用できる。国家政策では農地面積を減らすことは固く禁じられているが、それに抵触することなく、新たに工業用地を手に入れることになる。そこに企業を誘致すれば、借地料や法人税などで地方政府の財政が潤い、新農村建設を推進していくうえでの財源を確保することができる。もともと家屋は農民の私有だが土地は集団所有なので、移転に際して家屋については補償されたが、旧宅地については村の処理にまかされていて、こうした土地の余剰を村の財産として管理している。また、数ヵ村が合併して一つの社区になった場合には、生活基盤や各種の施設をまとめることができるので、その分財政負担は軽くなる。このように、高層住宅化は新型農村社区の利点をさらに増幅させるものである。本書で取り上げた平陰県は、そうした動きの典型的な事例なのである。

平陰県では新型農村社区を鎮のなかに拠点として分散し、そこでの集住化を進める政策を全域城鎮化と名づけて、城鎮化を鎮の全域で展開しようとしている。ただし、全国での動向はもっと多様であり、さまざまな形態が現れていると思われる。平陰県のような集住化が可能になっているのは、県の中心部での工業化が発展しているからである。その点で、以前の郷鎮企業による農村の発展というあり方とは異なっている。県城で各種の企業集団が発展していて、集住化によって工業園区を造成して投資のプロジェクトを受け入れている。

新型農村社区の類型

山東省では、新型城鎮化と新型社区建設とは同じものとして位置づけられている[3]。われわれが調査した平陰県の新型農村社区は三つの類型に分けられた。

一つは、農業の維持を重視した類型で、孝直鎮がこれにあてはまる。この鎮は平陰県南部の農業鎮ともいえる野菜栽培が盛んな地域である。日本的にいえば耕地の団地化によって農業の効率を高めて生産性向上をめざしている。集合住宅は三~四階建てだが、一階は農機具用の車庫にしている。農村社区と耕地が近いので、農業の維持がある程度は可能だと思われる。

二つめの類型は、孔村鎮の農村社区で、地域の中心へと集中している。この鎮は工業化が進展していて、人口を集中することが効率的だった。その代わりに、孝直鎮とは異なって旧村の耕地は遠距離にあり、五階建ての高層住宅となったために、農業への従事を維持することがむずかしくなった。農外就業の場が多いので、当初から離農を織り込んでいたともいえる。いずれは離農の方向をたどると思われる。

三つめは、高層住宅ではない類型である。錦水街道の農村社区がこれにあてはまる。旧村は黄河の河岸に位置していて、肥沃なためにかなり古い時代から多くの人々が居住していたが、「土地の増減の関連づけ」政策で移転が実現した。そこでは、旧宅地を集住化して新たな農村社区が建設された。集住化してはいるが庭付き二階建てという住居なので、高層住宅への居住とは異なって、農業を継続する、あるいは自家用農産物を栽培、飼育することが可能である。

入居した農村社区での生活

集住化は、旧宅地の転用によって新たに余剰地を生み出し、それを活用することが大きなねらいになっているが、それだけにとどまらず、農村社会の生活のあり方を大きく変えてくる点が重要である。それは、一面では農村社会の生活諸条件を改善するという新農村建設をさらに推進しているといえるだろう。けれども、必ずしも新農村建設政策がめざした総合的な農村生活の向上が実現しているとはいえないようにも思われる。

個別農家では、男性は農業に従事しながらも臨時の農外就労が多く、女性は一般的に農業と家事に従事している。老夫婦世帯もあるが、これは子供が村を離れているためで、高齢のために農外就労せずに、農作業と年金、子供の仕送りで生活している。経済水準で分類すると、かなり裕福な農家は、自営業あるいは大規模な農業経営を営んでいる。収入が中程度の農家では、農外就労による現金収入と農業収入による。収入が低い農家は、ほとんどが高齢者世帯である。同じ農民であっても、このように経済的格差が進んでいる。収入の違いによって、出費がかさむ農村社区の生活様式のもとでは、農家ごとに生活水準が異なってくる可能性がある。

旧村の居住地あるいはその近辺に農村社区を建設した場合と、旧村からかなり遠距離に転居した場合とでは、新たな住居への適応も異なってくる。孝直鎮と孔村鎮の違いがそうである。前者は、住居の変化から自家用の家畜を飼育できなくなったということはあるものの、農業への従事は継続していて、生活様式に大きな変化はない。後者は、耕地と農村社区が離れているのと高齢者が多いので、耕地を賃貸せざるをえないということになり、農業離れが加速している。当然ながら生活様式もより都市的になっている。いわば農業従事に対しての違いが、新しい農村社区での生活に適応する態度の違いとなっている。

生活意識においては、衛生面についての満足感は高く、公共サービスや生活条件の改善にも満足している。しかし、当然のことだが、生活費が高くなったことが不満であり、しかも農業をやめた者にとっては、自家用農産物を得ることもできなくなって購買せざるをえないために、さらに生活費がかさむことになる。とくに高齢者の場合には、生活費が重荷になると、近隣関係の変化、子供との関係などで悩みが多くなる。近隣との行き来はあるものの、旧村では庭にいればお互いに顔の見える状態で助け合いもしやすかったが、農村社区ではドアを閉めてしまうと在宅しているのかどうかもわからないという。また生活費が高くなったので子供からの仕送りも欲しいが、面子もあってそうしたくない。まして養老院には入りたくないということになる。子供の側でも、親を養老院に入れることは面子をつぶすことになるので抵抗感がある。このように、新しい農村社区への入居は、それぞれの農家のあり方や住民の生活にさまざまな影を落としている。

農村社会の都市化

中国が現在推し進めている新農村建設の結果、現在では小康社会を中国全土で達成しようとする段階に入りつつある。そしてこのことは、新農村建設政策の新たな展開ともいえる新型城鎮化によってさらに進められようとしている。中央政府は、都市化の進展が内需拡大になるので中国発展の原動力になる、と唱えていて、二〇一四年二月には「城鎮化を発展させる企画」という文書を出している。山東省では、すでに二〇一一年に新型城鎮化を進める見解を提示し、二〇一三年からは県政府に対して自ら都市化を進める企画を提出させている。そこでは、新型城鎮化である新型農村社区建設が強力に推進されている。

こうしたなかで、われわれが調査した山東省平陰県では、前述したように、農村社会の全域を都市化するという全域城鎮化を掲げて、農村社会の構造変化がもたらされてきている。この全域城鎮化は、これまでの新農村建設からさらに一歩を踏み出していくものといえるだろう。それは、工業と農業との相即的発展という原則はふまえながらも、都市と農村とを並列的に存在させるというのではなく、農村社会そのものを都市化するという方向をめざしている。その具体的な現れの一つが、調査事例で取り上げてきた農村社区化である。

この新型農村社区の建設がもたらす集住化は、これまでなかなかできなかった農村社会の「現代化」を一挙に進めることになると思われる。集住化することによって、生活基盤や各種の施設の整備、効率的な行政措置、生活様式の近代化が進み、人々の生活は都市的生活様式といわれるものに近づいていく。集住化は、都市並みの生活を農村社会で実現させることによって、農村特有の諸問題を解決していこうとするものだといえるだろう。

もちろん、集住化だけが新農村建設をさらに推進していく方策ではない。たとえば「農民市民化（＝農民に都市戸籍と同様な権利を与える）」という政策もその一つといえるだろう。都市戸籍と農村戸籍との二元的な戸籍制度が、農民工といわれる出稼ぎ農民にとって都市での生活に大きな困難をもたらしている。生活上の権利をもたない農民工の存在が都市問題を生み出している。だからといって農民工の都市流入が止まるわけではない。そこで農民工がかかえる問題の解決の一つが、都市に居住する農民にも都市戸籍をもつ住民と同様の教育や福祉の機会を均等に与えることである。指定された小城鎮で、都市戸籍を与えるわけではないが農民工に「住居証」を交付することによって、教育での就学機会を都市住民と同等にするという政策も進められている。この農民市民化は、現時点では農村でというよりも都市で、そこに流入した農民の地位や扱いをめぐって示された政策だが、これが進めば、農村に居住する農民戸籍をもつ人々にも市民化が適用されるようになることも考えられる。こうした方策で新農村建設政策がめざす農村社会の発展を進めていこうとするのも一つの方向だといえるだろう。

ただし、農民のなかには都市戸籍をそれほど望まない声も出てきている。一つには、農村における公共サービスの水準が上がってきて、都市と同じような生活環境を享受することも可能になりつつあるということがある。またもう一つには、都市でなくとも現代的な住居により快適な都市的な生活様式を享受できる。さらに、より重要なことだが、都市戸籍になると自分の請負地がなくなってしまうということがある。請負地があるということは、今回の調査でも明らかになったように、その土地で農業を営むというよりも、その土地を賃貸して借地料を手に入れるというメリットが大きい。土地に価値があるということである。そのほかにも計画生育政策いわゆる一人っ子政策で子供は一人に限られていたのが、近年になって農村では二人まで認められるようになった。そのために農民は都市戸籍を得ようとは望まないのである。

生活の都市化

新型農村社区に入居した住民はその後の日常生活を大きく変えている。それは生活の都市化あるいは都市的な生活様式の浸透といってもいいだろう。

まずは農業からの離脱が進むということである。離農することを「土地から解放される」と称する表現があるが、それはこれまでの苦汁労働の厳しさを物語っている。しかし、集住化においては、農民たちが都市的な生活様式をとることで、農業に従事する希望があっても従事しづらくなることが考えられ、これは土地からの解放というよりも土地との分離といったほうがふさわしいように思われる。

なによりも居住地から農地までの距離が遠くなる。徒歩で農地に行くことは大変で、オートバイや農用トラックなどで農地に行き来しなければならない。少しの時間を使って家屋の近くの農地に行く、というような農作業は無理である。いわば通勤農業とでもいうような形態にならざるをえない。そうした交通手段や時間の配分がうまくとれるかどうかが問題となる。また、庭付きの二階建て住宅ならまだしも、高層住宅に居住するようになると、農機具などの収納場所の問題、農作業の汚れを住居に持ち込んでしまう問題などが出てくる。さらに、集住化すると住居の周辺に農地や空き地がなくなり、自家用野菜の栽培や鶏などの自家用家畜の飼育ができなくなる。室内では大鍋で料理ができないからと道路で煮炊きする例もすでに出ている。こうして、農民が農業から離脱していく、あるいは旧来の生活から乖離するという実態が進行していくと思われる。

また、住宅の変化も大きい。われわれが調査した新型農村社区は、さまざまな形態の住宅に農民が居住している事例で、一棟に一〇世帯か一五世帯が入居している。家族形態や部屋の購買額によって異なる間取りもあるが、日本的にいえば三ＬＤＫに当たるような間取りになっている。つまり、この集合住宅に住むことで、農民は都市住民と同様な都市的な生活を送ることができる。外部とはドア一枚で区切られており、部屋にはいればリビングや寝室、台所などに、入居時に買い揃えた家具類や電化製品が整っている。もちろん電気、上下水道、ガス、スチーム暖房も完備していて、生活のあり方はこれまでの旧家屋でのそれとは大きく異なった快適なものになる。

他方で、生活費の上昇はむしろ否定的な結果である。新しい住居での電気、水道、ガス、スチーム暖房などが整った生活は、それだけ費用がかかるわけで、それが家計を圧迫し、現金収入を求めて農外就労が増加することになる。山東省青島市などのような先進地では、巨大な工業団地を造成して外資企業も含む大規模な企業誘致に成功した結果、地方財政が十分以上に潤って、そうした生活費まで村行政で補填するというような事例もあるけれども、今回の調査対象地の平陰県では、そのようなところまでは進んでいない。生活水準が上がることによって購買意欲も上がると思われ、その面からの出費も増えるだろう。

変化しているのは住居だけではない。農村社区のさまざまな施設が整備されることで、旧村での生活ではできなかった教育や福祉が可能になっている。教育面では、幼稚園や小学校の整備が一般的だが、それが社区内に設置されていないとしても、居住地が社区に移転することによって通学距離が縮まる利点があり、高校入学の場合でも、鎮の中心へ転出することがなくなるとも考えられる。また、娯楽やスポーツなどの設備を整えることで、住民の身体的、精神的な健康維持に役立つことになるし、住居近辺の道路清掃や花壇の世話などは、衛生意識を向上させることにつながる。今回の調査でみられた、公共トイレの設置を望む声は、住居を出て広場や路上で住民同士の交流をしている時の必要として言われているわけで、環境美化という意識が醸成されていることを示すものといえるだろう。

また、医療設備や購買店の設置が要望されていることも注目される。旧村での生活では、不便を強いられていても、それにしたがうほかはなかった。しかし、新型農村社区に入居してからは、身の回りの利便性をさらに追求する姿勢が身についたものと思われる。日用品の購入で鎮の中心へ出かける事例もあるが、大半は社区内ですませたいという希望であり、しかも以前のような極めて小規模な商店ではなく、スーパーを社区内に開設して欲しいという要求が出ている。これは、消費生活の水準が上昇し、取扱商品の質や量が高い販売店を望んでいることの表れである。さらに、交通手段の充実を望む声もあり、教育圏、購買圏の拡大がさらに進むと思われる。
余暇活動でも若干の変化が見られる。以前と同様にテレビ視聴や近隣との室内での交流などは継続されているが、その他に、広場での体操やダンス、交流などは、社区としての施設の整備がもたらした娯楽である。これは集住化による積極的な成果といえるだろう。

集住化によっても以前の生活様式と変わらない側面も当然ながら存在する。調査から明らかになったのは、近隣関係や親戚関係が、以前と同様に継続されているということである。近隣関係は、村全体での移転なので転居前後で変わらない場合と、以前と異なる近隣と新たな関係ができる場合とがあるが、いずれにしても隣近所と日常的に交流するという点では、これまでの生活のままだといえるだろう。今後、十年、二十年と経過した時に、住民の世代交代などが進むと、また違った様相が現われるかもしれないが、転居したばかりの現時点では、当面は以前と同様な近隣関係が続くと予想される。それは親戚関係についても同様である。

このように考えてくると、集住化による生活の都市化は、良くも悪くも農民の生活様式を大きく変え、そのことが今日の中国農村社会の構造を揺さぶる可能性を秘めているといえるのではないだろうか。とくに、五階建てなどの高層住宅の住民にとっては、これまでと生活様式が大きく変わってきており、就業状況、家族関係や近隣関係、さらには余暇活動に至るまで、根本から変化していくかもしれない。たんなる経済的な効率という側面からだけではなく、集住化による生活様式の変容という側面から、中国農村社会の変化を注視しなければならないだろう。

第三節　中国農村社会の今後の方向性

第一章で示したように、中国では、一九八〇年代から今日まで、農村社会がかかえる特有の諸問題をいかに解決し、そのことによって中国社会の全体を豊かで安定した社会へと導いていこうとする政策が推進されてきた。それは農村社会が紆余曲折を経ながら展開する歩みでもあった。農村社会がかかえる諸問題は、その経過のなかで多様な現われ方をしてきたが、集住化が推進されている現段階においても、問題が解決されたというには程遠く、相変わらずさまざまな困難が存在している。というよりも、この政策によって新たな問題が生じてきているといったほうがいいかもしれない。

以下では、集住化のなかで中国農村社会がかかえる問題を三点挙げ、さらに今後の方向性を論じることにしたい。

農業の担い手

現在の問題の一つは、農業の担い手の問題である。すでに述べたように、農村人口が都市へと流出しているが、その余剰人口の急増は耕種部門の機械化が大きな原因である。しかしさらに、集住化が農民の農業離れに拍車をかける可能性がある。工業化の進展とともに農業が衰退していくという事態を避けなければならない中国政府は、農地の減少を認めない方針を打ち出しているが、それでは、その農地はいったい誰が耕すことになるのだろうか。農業人口が減少する傾向のなかで、農業の担い手はどのように確保されるのかが問われざるをえない。

農業経済合作組織の形成（小林・劉・秦、二〇〇七）が、それへの対応の一つだろう。農家が相互に結集して共同組織を構成し、財産や作業の共同化によって農業を維持していく。この場合には、農業就業人口は減少するものの、農業生産そのものが放棄される事態は避けることができる。また大規模な企業的経営のもとで「農民農（＝大規模農家や農業企業に雇用される出稼ぎ農民）」といわれる雇用労働者によって農業がおこなわれるという方向もある。農民工の留守を守る女性や未成年者、男性の場合は五〇歳以上の高齢者といった低賃金労働力を利用して、蔬菜栽培や畜産などの付加価値の高い商品作物を生産出荷する。大規模経営は農業の持続的発展とは相容れないという議論もあるが、われわれの調査でも、「農業工人」といって、農村社区に転居した農民が農業企業に雇われるという事態が生じている。山東省では、農業企業のなかに一万ムーにもなる大面積を借地している会社もある。借地料は基本的にはその年の小麦価格で決まるが、基本的には一ムーを年間一、二〇〇元で借りる。経営項目は多様で、果樹、苗木、養鶏、養豚、魚類の養殖などである。借地ができると、そこが農業園区となり工業園区とは区別される。土地を借りてから多数の農業工人を雇い入れる。すでに、一つの県に二～三社の企業ができている。

しかし農業は季節性があるので、労働力を雇用するという方法の場合には、雇用される期間は短くなり、就労は不安定にならざるをえない。また特定作目への特化は個人経営の場合、資金面や労力面で栽培条件は厳しいと思われる。共同化や企業経営という形態が今後拡がっていくとなると、家族請負制の導入以来中国農業の基礎となり基本的な担い手となってきた家族農業経営という形態が、それらと併行してどのように変化していくのかが問題となるだろう。

消費水準の上昇

集住化が進むことによって懸念されるもう一つの問題は、消費生活が都市化されることで、生活基盤や教育、娯楽などの多方面で必要経費が上がることである。山東省では、電気の供給は農村でも大半で完成しているが、上下水道やスチーム暖房などになると、集住化によって初めて達成できる場合も多く、そのときには家計に大きく響くことになる。また、新たに入居した居室内に電化製品を揃えた家庭が多く、電気代も跳ね上がる。教育にしても高学歴を望む傾向が強まっていて、集住化で通学が便利になれば、それだけ教育費が増える。今回の調査でははっきりとはしなかったが、近年の旅行ブームや健康ブームを考えれば、娯楽やスポーツなどにかかる経費も高額になっているだろう。

こうした生活費の高騰に対して、現金収入が必要となるのは明らかであり、そのためには労働市場が対応できていなければならない。集住化によって土地の余剰が生まれ、それを工業団地に転用し企業誘致することができれば、新たな雇用先が確保される。集住化した居住地から通勤できる範囲内で、かつ企業側の需要を満たせる労働力であれば、就業機会が増加することになり、所得向上に資するだろう。このような方策が画餅に終わらずに現実のものとなるかどうかが問われる。

企業誘致はまた別の面から家計の充足を補完しうる。工業団地の借地料や企業への法人税などの収入が地方政府の財政を潤し、それが農家の家計への補助金として交付されれば、消費水準の上昇によって生活費が高騰するにしても、農家は経済的な心配をすることなく都市的な生活様式を享受できる。現にそのようにしてかなり豊かな生活を過ごすようになった農村もある。けれども、それが一般的なものとして普及できるかどうかは簡単ではないだろう。企業誘致がうまくいくかどうかは、全国的な経済情勢、山東省内の各地との競合、県や鎮での政治的、経済的な動向など、複雑な諸条件が絡んでいるからである。

急速な高齢化

さらに今後の問題として考えられるのは、集住化が若年層や中堅層の農村からの流出をおしとどめることができなかった場合に、居住地の急速な高齢化が進行する恐れがあることである。そもそも計画生育政策が膨張する人口を抑制するために打ち出され、人口増加の速度は緩慢になってきた。人口抑制の効果が出てきたわけだが、しかしそのことが逆に、中国社会全体の少子高齢化の問題となってきている。今後、食生活の改善や医療の進歩などによって平均寿命が伸びていくと予想されるが、そうなると、高齢者と若年層との人口的なアンバランスはますますひどくなるだろう。

集住化は、この問題に対して正反どちらにも影響を与える可能性がある。一方では、集住化によって就業先との距離が短くなって通勤が可能となれば、世代を越えた同居が増えると考えられる。若年層にとっては都市的な生活様式は魅力的だが、都市での住居の購入はかなりの高額となり、手を出しにくい。それに対して新型農村社区では、生活基盤が整備されることで都市化への要望に対応できる。しかし他方では、負の側面も出てくるだろう(4)。都市がもつ娯楽施設やスポーツなどの環境整備の魅力、済南市以外や山東省以外の遠隔地への志向などで、若年層や中堅層の流出をおしとどめることができない場合には、集住化することで高齢化率が高まってしまうだろう。新農村建設では老人ホームの設置などが進められているが、老親扶養に際して老人ホームへの入居を希望するものはあまり多くない。家族や子供が世話をすることになるが、その場合に日本で直面している老々介護や老人の孤独死などが起こらないと言い切れるだろうか。

また、一九六〇～七〇年代生まれは故郷を懐かしむ意識があるが、八〇～九〇年代生まれは都市へ行くと故郷意識を失ってしまう、といわれている。六〇年代生まれは出稼ぎに行って農村に戻り一軒家を建てた。八〇年代生まれは出稼ぎ先に住居を持とうとする。すでに「空心村（＝居住者がいなくなった村）」といわれる現象もある。一〇年先、二〇年先に大きな変化が生じるかもしれないのである。

集住化のゆくえ

以上のような問題点からすると、集住化を進める新型農村社区の建設は、中国農村の農民の生活のあり方や社会関係のあり方を根本的に変容させるかもしれない。現段階では、農民が新しい農村社区に入居したばかりであり、旧来の社会関係や生活様式、思考や感情のままだというところもあるが、すでに大きく変化している側面もある。農業でいえば、自家用の農産物のための日常的な農作業はほとんどなくなった事例もある。近隣関係が未知の住民とのあいだで新たに形成されている事例もある。これらの点は今後の農村社会のあり方を考えるにあたって重要だろう。

農民が自家用農産物の生産からも離れてしまうということは、それらを購入しなければならなくなったということで、そのためには現金収入が必要となる。借地料や年金などに頼るか農外就労するかということになるが、いずれにせよ生活のなかで農業への従事が占める割合は、時間的にも意識的にも少なくなるだろう。旧村の農地が遠距離になりオートバイや自転車で「通勤」するという農民は、これまでの家族経営に従事してきた農民とは質的に異なる存在となるのではないだろうか。

近隣関係が変化してきている点も重要である。全村あげての転居で、しかも高層住宅の一棟にまるごと旧村の住民が入居した場合には、新たな農村社区でも近隣は旧村と同じ住民なので、そこは変わらないが、しかし、高層住宅での生活は、同じ旧来の住民同士でもこれまでとは異なった交流になるのではないだろうか。さらに、いくつかの棟に分散して入居した場合には、まったく見知らぬ人間が隣接してくるのだから、近隣関係は一からつくらなければならない。日中も在宅している高齢者ならば交流の機会も多いだろうが、若年層や中堅層の場合には、うちとけた関係になるには時間がかかることも考えられる。集合住宅という居住形態に農村社会の生活や文化が適合するのか、あるいは集合住宅の居住形態に適した生活に慣れていくのか、ということに注意しなければならないだろう。

また、若年層の動向も懸念される。若年層が農村から転出したあとに戻ってこないのではないか、ということである。鎮で新型農村社区を建設しても、やはり大病院や高校が存在する県の中心部である県城が魅力的だということで、転出した若年層や中堅層が県城で住居を購入した方がいいとなると、年月が進めば農村社区の人口が減少する心配が出てくる。そうなると農村社区が「空の殻」になってしまうのではないかという恐れがある。あるいは、空室を埋めるために外からの入居者を認めざるをえなくなるかもしれない。その場合には近隣関係は大きく変化するだろう。それとかかわるのが居住地の県城や鎮の中心との距離である。旧村よりも近くなり、これからの経済発展からすれば交通手段も利便性がより高まるだろう。そうなれば、都市との往来がより多くなることが考えられる。農村社区での都市的な生活様式というあり方がより深まっていくと思われる。

さらには、本書ではとりあげることはできなかったが、住居をそのままにして公共サービス施設を中心部に整備するという政策も考えられている。これは、都市化というよりも公共サービスを推進することが目的となっている。つまり、農村を農村のままにしておきながら、都市と同様のサービスを受けられるようにしようとするものである。ビルを建てるのではなくサービスを提供する、ということで、住居建設を唯一の方法とするのではなく、公共サービス体系の充実をはかろうとする方向が出てきている。また、公共サービスを重視するということは、農村社会における階層分化の深化への対応という側面もある。農業離脱が進むなかで、農民の階層分化は避けられない。そうした場合に生活水準の底を押し上げることで社会の安定を保とうとする政策だとも考えられる。しかし、この政策もまた、サービス施設が整備された近辺とそれよりも離れた区域とでの格差をもたらしかねない。居住環境という点でも問題を残してしまうかもしれない。

こうしてみると、本書の調査研究の結果からは、集住化によって農村社会の同質的な住民相互の関係性といったものが変容して、異質な住民同士がいかにして地域社会を構築していくのかを問題にせざるをえない、という状況が浮上しているといえるだろう。集住化した居住地では都市的な生活環境のもとで都市住民と同様な生活様式が定着し、居住地の周辺に農地や工業団地が広がる、という農村の新たな風景が見えてくるように思われる。そうなった場合に、そこでの農業生産はどのように営まれるのか、住民の生活はいわゆる小康社会という水準に達するのか、農村の生活様式や社会関係はどのように変化するのか、ということが今後の焦点になるのではないだろうか。集住化という政策は、これからの中国農村の地域社会のあり方、住民の生活全般に大きな影響をおよぼすだろうという可能性を否定できない。その時に、集住化が中国農村の人々にとって幸となるのか、そうではないのか、必ずしも予断を許さないといえるだろう。

【注】

（1）曹力群は、新型農村社区の建設を「城鎮と伝統農村とのあいだに置かれた新しい社区組織」だとして「これは城鎮と伝統農村とのあいだにおかれた新しい社区組織である。ある人は、新型農村社区建設を、家庭聯産承包責任制を継いだあとの農村発展の『第二次革命』と形容しているが、これは『離土離郷』の城鎮化、『離土不離郷』の城鎮化の後を継いで探求された第三の道であり、すなわち『既不離土也不離郷（＝離農しないばかりではなく離村もしない）』の城鎮化である」（曹力群、二〇一三、五八二）と評価しつつ、「多くの弊害も出てきた」と述べて、それを七点にわたって「一、過度の行政の干渉。……二、農民の就業の困難。……三、半都市化現象の存在。……四、公共施設の欠如。……五、各方面の利害の衝突。……六、土地制度の制約。……七、建設計画の不合理。……」（曹力群、二〇一三、五八三～五八五）と指摘している。

（2）中国共産党第一七回大会七中全会（二〇一二年一一月）では、「公共文化サービス体系」の構築という方針を打ち出している。集住化によって居住環境が改善されるとはいえ、都市並みの生活水準を享受するためには、文化的環境や社会福祉制度の充実が欠かせない。今後の農村社会の方向性を示す一つだといえるだろう。

（3）その意味では、「大中小の城市、小城鎮、新型農村社区という五層次の城鎮化体系」（張蕾、二〇一三、一〇八）というように、新型城鎮化のなかに新型農村社区が組み込まれているといえるだろう。さらには、新型城鎮化政策が、新農村建設政策のなかから、さらにそれを展開させたものであることから、これらの一連の政策は、以前のものを否定して新しい政策が示されたというよりも、以前の政策の基本を維持しながら、時代状況に適合した政策へと進化させてきているといえるだろう。

（4）秦慶武は、「集中居住する社区を建設するという方法は、少なくとも以下のいくつかの面で明らかに負の効果がある」として、次の三点をあげている。「第一、農民の生産様式がいまだ改変されていない条件のもとでは、強制的に農民の生活様式を改変するのは、農民にとって生産コストの増加になりうる。……第二、遷村併居（＝村を移転して合併する）は農民の生活費用の支出を大きく増加しうる。農民が新しい集合住宅に移転したのは、表面的に見れば、農民が都市住民の生活を過ごし便利さが多くなったが、しかし現実の状態は、農民がもともともっていた生活様式が改変し、収入は減少し、費用は増加した。……第三、さらに主要なのは、農民が宅地を失い、農民の長い目で見た利益の損害を被ったことである。宅地と住居は憲法と物件法が承認した農民の財産である。現在農民は一定の保証を受けているといえども、農民を新しい集合住宅に住まわせ、ごく少ない貨幣の補償は早くに使いきってしまうことになりかねず、いくつかの地方では新しい集合住宅を買うには少ない金額にさえなっている」（秦慶武、二〇一二、三一七）。

【引用文献】

小林一穂・劉文静・秦慶武、二〇〇七：『中国農村の共同組織』、御茶の水書房。
小林一穂、二〇〇八：「中国農村家族の変化と安定――山東省の事例調査から」首藤明和・落合恵美子・小林一穂共編著『日中社会学叢書第四巻　分岐する現代中国家族』、明石書店。

小林一穂・劉文静（共編著）、二〇一一：『中国華北農村の再構築』、御茶の水書房。

曹力群、二〇一三：「新型農村社区的弊端和解決的思路」『中国農村研究報告二〇一二年』、中国財政経済出版社、二〇一三年五月。

秦慶武、二〇一二：『三農問題：危機与破解』、山東大学出版社、二〇一二年八月。

張蕾、二〇一三：「山東省新型農村社区建設的現状、趨勢与対策」『二〇一三山東社会藍皮書』、山東人民出版社、二〇一三年一月。

おわりに

小林 一穂

済南市内の街頭。高層マンションが立ち並ぶが、昔ながらの屋台も健在である。
（2015年12月 2 日撮影）

「はじめに」でも述べたように、平陰県調査は二〇一一年に始まったが、これまでの調査でもそうだったように、調査をまとめ上げるのにかなりの時間がかかってしまった。本書は二〇一三年に実施された面接調査の結果を中心にまとめているが、しかしもちろんそれだけではなく、県政府や鎮政府、村民委員会への聞き取り調査や、現地の個別農家に対する調査なども含めて総合的に考察したものである。したがって、時間がかかるのは当然のことだが、さらには、地域調査なかでも事例研究という手法による調査につきまとう特有の困難もある。対象地の選定がすんなり決まることは稀だといっていい。数ヵ所の候補地を訪れて地方政府やインフォーマントにヒアリングするが、なかなか選定するまでにはならなかった。また調査日程や調査費用などでも制限があり、調査といえば思うようにいかないのが常である。けれども、日中双方の研究者間の協力関係は相変わらず緊密だった。そのことによって本書ができあがったのである。

われわれ調査チームは、日本側では、執筆している三名のほかにも、細谷昂東北大学名誉教授、中島信博東北大学名誉教授、吉野英岐岩手県立大学教授、劉文静岩手県立大学准教授が調査に同行したり討論に参加したりしている。中国側は山東省社会科学院に所属している研究者だが、執筆している三名のほかに、姚東方副院長には調査の事前手配、同行、事前事後の討議など全面的に協力していただいている。李善峰研究員には調査の経過中での討論に参加していただいた。われわれの学術交流が長く継続できているのも、山東省社会科学院の日本側に対する協力の賜物だといっていい。

それ以外にも、日本側と中国側との山東省での十数年におよぶ交流のなかで、日本側からのほぼ毎年あるいは年に数回の訪問や調査、中国側の日本東北地方の農村訪問などが取り組まれてきていて、その間にいろいろとご尽力をいただいた方々も多くいる。さらに本書では、対象地である平陰県の朱云生県長を始めとして、副県長や外事弁公室の方々にもお世話していただいている。現地では、数回の訪問でインタビューしていただいた鎮政府や村幹部、社区責任者の方々、面接調査で長時間のインタビューに応じてくださった個別農家の方々などに深いご厚意とご配慮をいただいた。

このように、本書は執筆者だけでできあがったものではないことはいうまでもないことで、調査チームに参加されたすべての研究者の方々、実査にあたって事前の準備から事後の始末まで惜しみない協力をいただいた地方政府の方々、そして対象者として調査に応じてくださった方々、などによってできあがった。ここで深く感謝申し上げる。

本書は、われわれの山東省の農村調査にとっては、三冊目の研究成果となる。これまで、共同化、新農村建設、集住化といった中国農村の現在を現地で実査してきたが、われわれとしては、これからもこうした「定点観測」を続けていきたいと思っている。そこでは、これまでと同様に、中国農村社会の不断の変化を現状報告する、という基本をふまえながらも、その時々に当面する課題に応じた調査に取り組む、という姿勢を保持していくことになるだろう。すでに次の課題についても、日本側と中国側とで議論と調整を始めたところである。

最後になったが、御茶の水書房の橋本盛作社長、小堺章夫氏には、またもや大変なお世話になったことを記しておかなければならない。これまでの十数年にわたる山東省調査の研究成果を、御茶の水書房の「三部作」として刊行できたのは、ひとえに御茶の水書房のおかげであり、われわれにとっては誠に幸福なことだった。三冊目も、それまで以上にご厚意に甘えることになってしまったが、刊行できたことを深く感謝申し上げる。

なお本書は独立行政法人日本学術振興会の科学研究費助成事業の研究成果公開促進費・学術図書（課題番号16HP5169、二〇一六年度交付）の助成を受けている。

二〇一六年七月

執筆者を代表して

小林一穂

付　　録

以下に掲載するのは、本書の面接調査で用いた調査票である。２０１３年８月に山東省平陰県で実施した。原票はＡ４版１１ページとなっている。調査の詳細については本文を参照されたい。

２０１３年農家調査票

山東省平陰県(　　　　　　)鎮(　　　　　　)社区

訪問年月日：２０１３年　　　月　　　日

面接時間：　　　時　　　分～　　　時　　　分

対象者氏名＿＿＿＿＿＿＿＿＿＿＿＿＿＿＿

住所：(　　　　　)鎮(　　　　　)社区(　　)棟(　　　)号

記録者：＿＿＿＿＿＿＿＿＿＿＿＿＿＿＿

同行者：＿＿＿＿＿＿＿＿＿＿＿＿＿＿＿

対象者の印象

Ⅰ　家族構成

1．家族員について

①　同居している家族員

	氏名	続柄	生年月日	学歴	勤務先
1					
2					
3					
4					
5					
6					
7					

②　同居していない配偶者と子ども

	氏名	続柄	生年月日	学歴	勤務先
1					
2					
3					
4					
5					
6					
7					

2．対象者および配偶者の生活歴

（1）　夫

①　社区に引っ越す前の村の名前は（　　　　　　）鎮（　　　　　　　　）村

②　この家・この土地（引っ越す前の村）生まれか、生家の職業

③　兄弟姉妹が何人、本人が何番目

④　結婚年、結婚事情

（2）　妻

①　夫と同じ土地（鎮、村）の生まれか、生家の職業

②　兄弟姉妹が何人、本人が何番目

3．引っ越し前後の家族構成の変化

仕事関係	同居・別居状況	その他

Ⅱ　仕事

1．農業経営

①　耕地面積　　1人あたり（　　　　）ムー　×（　　　）人＝ 総計（　　　　）ムー。

受託面積 ＿＿＿＿＿＿ ムー、委託面積 ＿＿＿＿＿＿ ムー。

	作付け種目	面積	収穫量	作業従事者
1			kg	
2				

			kg	
3			kg	
4			kg	
5			kg	

② 畜産

	種類	頭羽数	作業従事者
1			
2			
3			
4			

③ 果樹

	作目	面積	総収穫量	作業従事者
1			斤	
2			斤	
3			斤	

④ その他

	作目	面積	作業従事者
1			
2			
3			

⑤ ハウス栽培

規模・面積 ＿＿＿＿＿＿＿＿

栽培品目 ＿＿＿＿＿＿＿＿

施設開始年 ＿＿＿＿＿＿＿＿

開始理由 ＿＿＿＿＿＿＿＿

2．農業所得(収入)

① 食糧（穀物）

	種類	販売量	販売額	販売方法
1				
2				

3				
4				

食糧（穀物）の年間総収入 ＿＿＿＿＿＿＿＿ 元、純益 ＿＿＿＿＿＿＿＿ 元。

② 畜産

年間総収入 ＿＿＿＿＿＿＿＿ 元、純益 ＿＿＿＿＿＿＿＿ 元。

③ 果樹

年間総収入 ＿＿＿＿＿＿＿＿ 元、純益 ＿＿＿＿＿＿＿＿ 元。

④ その他

年間総収入 ＿＿＿＿＿＿＿＿ 元、純益 ＿＿＿＿＿＿＿＿ 元。

⑤ ハウス栽培

年間総収入 ＿＿＿＿＿＿＿＿ 元、純益 ＿＿＿＿＿＿＿＿ 元。

３．農外就労

	続柄	勤務先（業種）	勤務形態＊	収入（年）
1				元
2				元
3				元

＊勤務形態：正規、契約、臨時、季節

４．自営業

① 開始年

＿＿＿＿＿＿＿＿ 年

② 投資資金額、資金源など

③ 従業員数および続柄

④ 売上額、純益（年）

５．引っ越し前後の仕事の変化

① 農業経営形態（食糧、畜産、果樹、ハウスなど）の変化

② 農外就労と自営業の変化

③ 収入面（農業収入、農外収入、自営業収入）の変化

Ⅲ 住居

1．社区への移転年月

2．移転事情（村ごとか、ばらばらか、そのきっかけ）

3．移転費用

4．移転費の資金源

5．移転前の予想、期待

6．移転後の実際（予想・期待と異なるところ）

Ⅳ 生活

1．家族内役割分担
① 農業、農外の仕事についての責任、判断

② 家の収入を誰が管理するか

③ 日常の買い物の担当

④ 炊事

⑤ 洗濯、掃除

⑥ 幼児の世話

⑦ 大きくなった子どもの相談相手（進学、就職、結婚など）

⑧　お年寄りの世話

⑨　全体的に引っ越し前後の家族内役割分担の変化

2．近隣との付き合い
①　引っ越し前に仲良く付き合っていた近隣は？現在の付き合いは？その中身は？

②　引っ越し後に新たに仲良くなった近隣は？その中身は？

3．親戚との付き合い
①　引っ越し前に付き合っていた親戚は？現在の付き合いは？その中身は？

②　引っ越し後に親戚との付き合いに変化があったかどうか

4．通院先と買い物圏
①　引っ越し前

②　引っ越し後（現在）

5．娯楽

	テレビ	お喋り	麻雀	将棋	トランプ	本/雑誌/新聞	その他（中身）
引っ越し前							
引っ越し後（現在）							

6．消費行動の変化（購買対象、サービスの利用）

7．子どもと老親の扶養
①　子どもの将来（どういう子に育ってほしいか）、学歴

②　子どもが結婚したら同居か別居か

③　将来自分が年取った時、子どもと同居したいか別居したいか

④　老人の世話の担当者（誰が担当すべきか）

A．毎日の世話（炊事、洗濯など）

B．経済的援助

⑤　老人ホームへの入居の是非（親・本人）

⑥　子どもと老親の扶養に関する考えに引っ越したことによる変化はあるかどうか

V　生活意識

1．生きがい

①　これまで

②　これから

2．理想的な生活

3．現在の生活への不満（不慣れ、心配事）

4．実現してほしいこと（鎮内、県内、その他）

5．将来実現したいこと

①　農業

②　農外

③　生活

6．現在住んでいる社区で改善してもらいたいことは？（設備、制度、その他）

7．村幹部への期待

8．平陰県城に魅力を感じるか、魅力があるとしたらどのような点か

執筆者紹介（執筆順）

小林　一穂（こばやし　かずほ）　一九五一年栃木県生まれ。一九七五年東北大学文学部卒業。一九八一年東北大学大学院文学研究科博士課程後期単位取得退学。博士（文学）。現在、東北大学大学院情報科学研究科教授。
主な著書・論文　『中国華北農村の再構築』（共編著）御茶の水書房、二〇一一年。「中国農村家族の変化と安定——山東省の事例調査から」首藤明和・落合恵美子・小林一穂共編著『日中社会学叢書第四巻　分岐する現代中国家族』明石書店、二〇〇八年。『中国農村の共同組織』（共著）御茶の水書房、二〇〇七年。など

秦　慶武（Qingwu Qin）　一九五六年中国山東省生まれ。一九八二年山東省曲阜師範大学政治学部卒業。現在、山東省社会科学院省情研究所研究員。
主な著書・論文　『三農問題・危機と解明』山東大学出版社、二〇一二年。『農業産業化概論』山東人民出版社、一九九八年。「農村教育と農村現代化」『中国社会科学』一九九四年。など

高　暁梅（Xiaomei Gao）　一九六五年中国山東省生まれ。一九八六年山東大学経済学部卒業。経済学修士。現在、山東省社会科学院省情研究所研究員。
主な著書・論文　「山東・広東・江蘇・浙江の都市化発展の比較」『東岳論叢』二〇一四年。「人を基とする山東省の開放型経済の発展」『東岳論叢』二〇〇六年。『山東省の外向型経済』山東人民出版社、一九九八年。など

何　淑珍（Shuzhen He）　一九七八年中国内モンゴル自治区生まれ。二〇〇〇年内モンゴル師範大学卒業。二〇一一年東北大学大学院情報科学研究科博士後期課程修了。博士（情報科学）。現在、宮城教育大学国際理解教育研究センター協力研究員。

主な著書・論文「根釧パイロットファームにおける生活文化の形成」『社会学年報』二〇一四年。「内モンゴル自治区における定住放牧者の牧畜観」『社会学研究』二〇一四年。「東北稲作農業者の生活史と農業観」『社会学年報』二〇一二年。など

徳川　直人（とくがわ　なおひと）　一九六一年徳島県生まれ。一九八五年東北大学文学部卒業。一九九〇年東北大学文学研究科博士課程後期単位取得退学。博士（文学）。現在、東北大学大学院情報科学研究科准教授。

主な著書・論文「聞き書き、著者性、傾聴」『情報リテラシー研究論叢一』二〇一二年。「『生態農業』における個と集団」（共著）『総合政策』二〇〇四年。「マイペース酪農交流会の意味世界とその特質」『畜産の研究』二〇〇一年。など

徐　光平（Guangping Xu）　一九八〇年中国山東省生まれ。二〇〇七年山東師範大学卒業。経済学修士。現在、山東省社会科学院省情研究院副院長、助理研究員。

主な著書・論文『中国城鎮化の焦点』（共著）黒竜江人民出版社、二〇一五年。「我が国における新型城鎮化と新農村建設の協調推進の研究」『東岳論叢』二〇一一年。など

中国農村《ちゅうごくのうそん》の集住《しゅうじゅう》化《か》

——山東省《さんとうしょう》平陰県《へいいんけん》における新型農村社区《しんがたのうそんしゃく》の事例研究《じれいけんきゅう》

発　行——2016年11月10日　第1版第1刷発行

著　者——小林　一穂
秦　慶　武
高　暁　梅
何　淑　珍
徳川　直人
徐　光　平

発行者——橋本　盛作
発行所——株式会社御茶の水書房
〒113-0033　東京都文京区本郷5-30-20
電話　03-5684-0751
印刷／製本——シナノ印刷㈱

ISBN 978-4-275-02055-0　C3036　Printed in Japan